実践大工道具仕立ての技法：曼陀羅屋流研ぎと仕込みのテクニック

木作手工具研磨整修

從使用目的＋挑選工具＋研磨加工，找出專屬手感、展現最高潛能的調整維修技法

手柴正範 著　　張心紅 譯

前言

從小，我就在由祖父那一代開始經營的木門窗店中，手拿木作手工具享受製作東西的樂趣。父親對那樣的我說：「手工具不夠好的話，是沒辦法進步的喔！」然後總是會將狀態最好的手工具借給我。

年輕時，我做為木門窗職人，一邊磨練自己的技巧，另一邊因為鉋刀總無法按照期望來刨削，而於每個放假日前往九州知名的志岐木作手工具店，學習鉋刀整理的技術。每當學習到新技術時，鉋刀會變得如同自己的手一樣好使用，使我更加受到鉋刀魅力的吸引。

對當時在手工具職人身分尚未成熟的我來說，能夠將木作手工具的深奧之處教導給我的手工具屋店主，也成為自己所追求的理想人物之一。

此外，我的興趣由直線構成的門窗，轉移到立體或帶曲線的家具上，開始製作出自己理想中的家具，並且販賣，在做為木工創作家方面發現了新的道路。

現在則是邊製作家具邊販售木作手工具，兩者對自己來說，都是很重要的工作。

並且，藉著製作物品，也開始產生想要將自己用過覺得好用的手工具，也能夠分享給大家的想法。

在網路開始販賣木作手工具，至今已十多年，由實際上使用並感受到的手工具整理訣竅，以及藉由全國各地使用者提出的各種疑問和問題中，學習到做為手工具店主應該讓大家知道的事情。

木作手工具是愈使用就會愈上手的東西，不需要想得太難，只要用手邊擁有的手工具，合理並且輕鬆地整理即可。

為了能幫助使用者縮短與手工具之間的距離，並且感受到使用手工具的樂趣，書中會介紹各種不同的方法。

如果本書能夠成為各位讀者在手工具整理上的小指引，就是我最大的榮幸了。

木作手工具曼陀羅屋　手柴正範

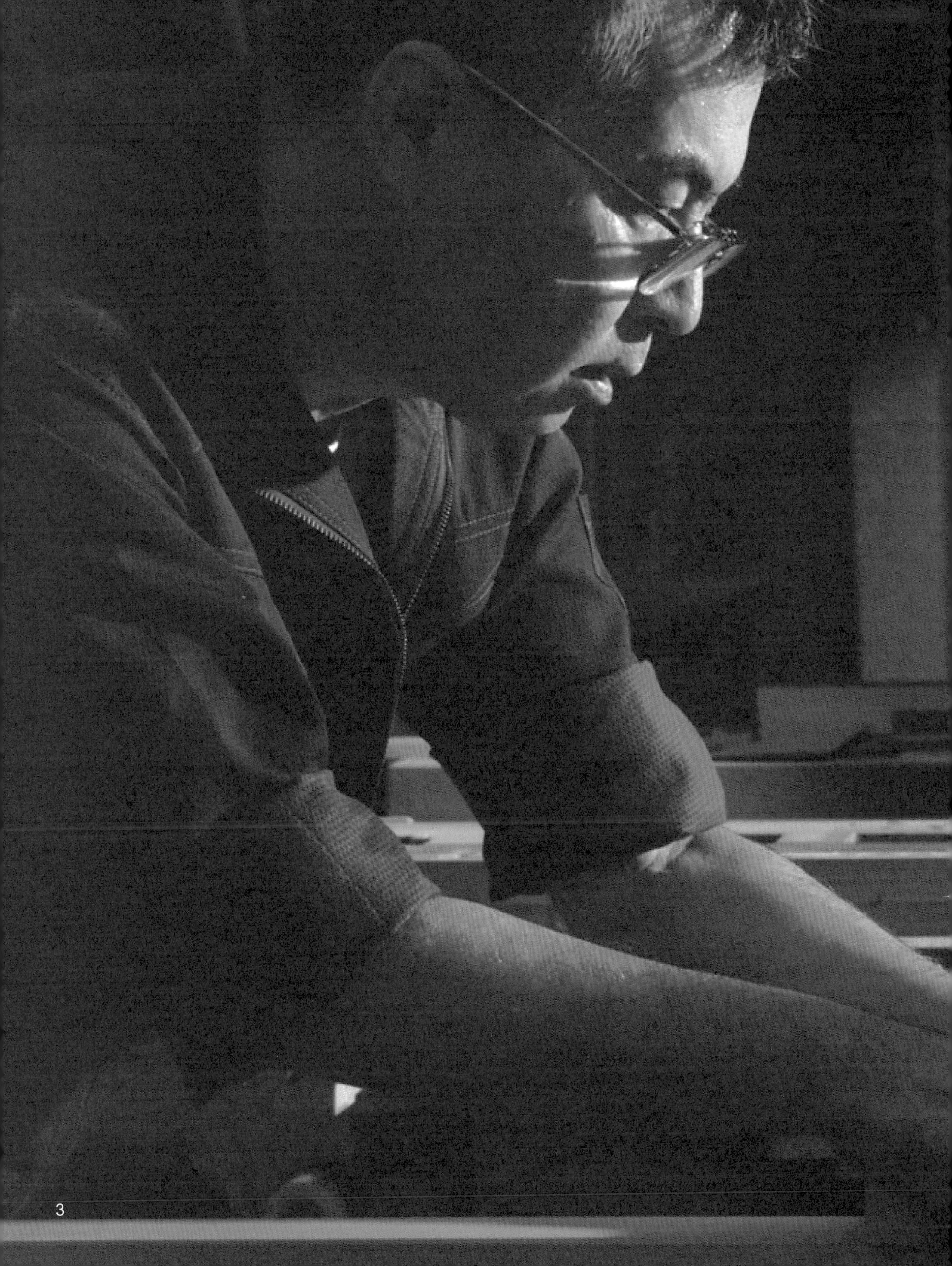

木作手工具研磨整修

認識木作手工具

木作手工具：用來切割、刨削、挖鑿木材。在木工及木造建築上，自古以來就被使用至今的木作手工具，在現代不分專家或業餘，都做為現役的手工具而活躍著。與現代大多數一買來就可立刻使用的工具不同，是可以讓人愈使用、愈了解，就愈能體會對手工具產生獨特感情的喜悅。接下來，先從木作手工具的種類開始，將這樣的手工具世界介紹給大家。

這是為了將鉋刀片與壓鐵都收納於鉋台的構造，但其實也蘊藏著許多能讓刨屑順利完全排出的要素。要理解這些，需要抱持著「為什麼沒辦法順利刨削？為什麼刨屑會堵住？」這些疑問，會讓技術更加進步。

平鉋

在為數眾多的鉋刀中，最具代表性的就是平鉋。做為將木材表面刨平的工具，是自古以來就很受歡迎的木作手工具。想要了解「將手工具整理為適合自己使用」這句話的意思，平鉋可說是最適合的手工具。在保養手工具、將木材表面刨削平整的作業過程，萬一無法如願進行，透過解決掉其間產生的每一個疑問，繼續加深關於鉋刀的造詣。

刨削木材時移動的表面，稱做誘導面，同時扮演著基準的功能。即使表面看起來平坦，但會因為濕度變化而改變狀態，這是一種基本常識。所以，保持誘導面的平坦、為了減少抵抗將平面整順等，必須要讓這些作業變成習慣。

刀片由鉋台中伸出的部分稱為「刃口」。只是不經心地看可能不會發現，但是開口大小與寬度等會對刨削產生怎樣的影響，抱著懷疑心實際去使用，再將疑問一個一個解決掉，這很重要。

導角鉋刀

可以削出45°角面的鉋刀。左右邊各有著45°的治具，在中央置入平鉋。是用螺絲鬆緊來決定削出量的機械式鉋刀。整理時要將刀的部分取下，但基本上功能與平鉋無異。

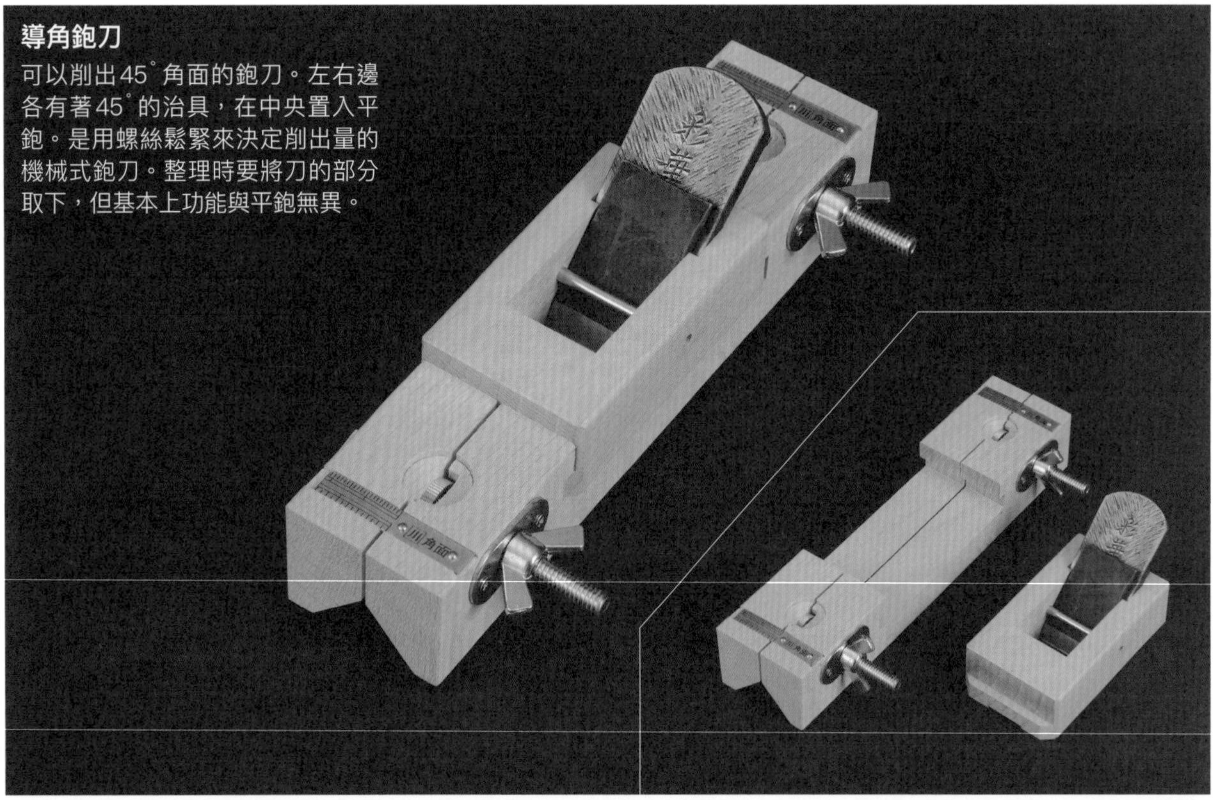

斜口鉋

用來加工凹角的鉋刀。不只有誘導面，必須將刀刃凸出的側面與刃角都對齊，是很難整理的鉋刀。

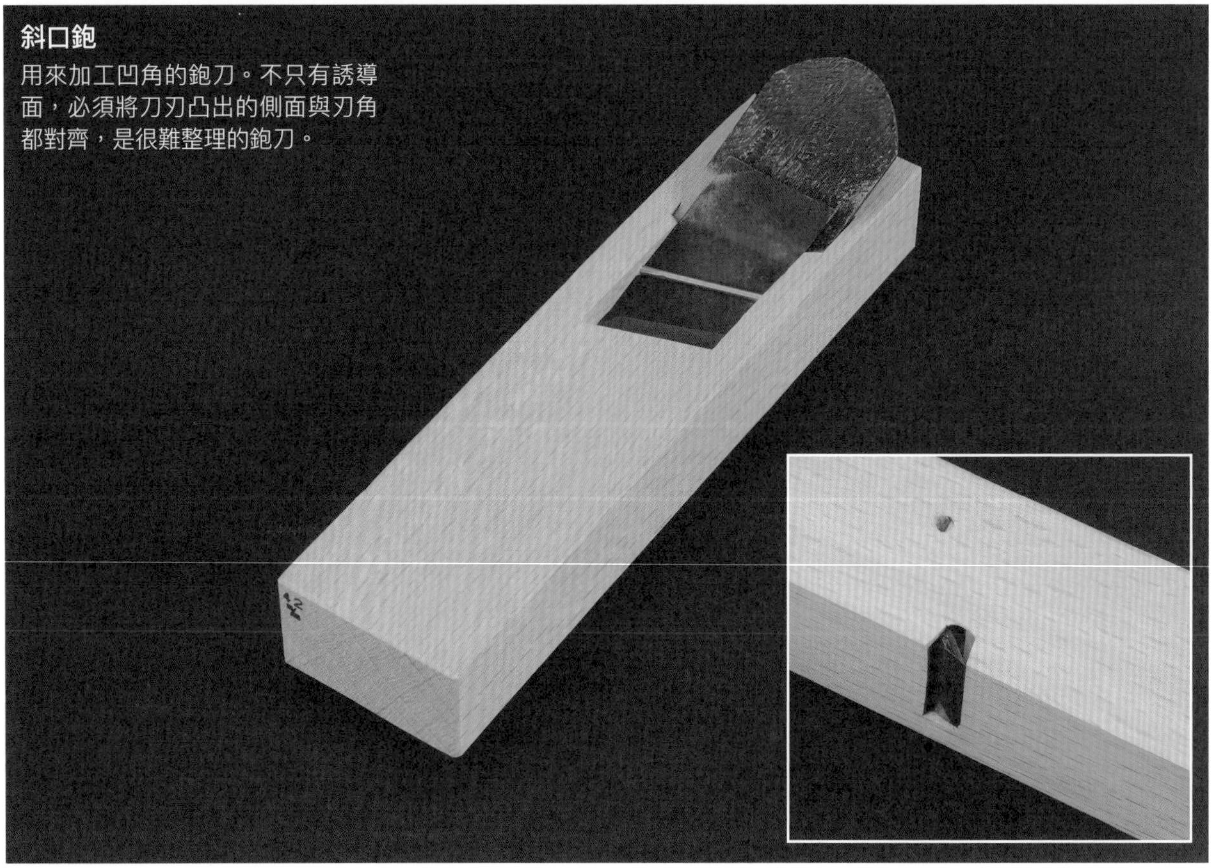

木作工具是需要整理的

木作工具有各式各樣的種類。使用木材進行加工、組裝，小至指物（譯註：製作過程中不用釘子，完全以木頭互相嵌入製成的傳統木工）、細木作（譯註：在此特指以木片原色拼裝而成的木手工藝品），大至寺廟神社建築，在以木材來製作物品的工作現場，儘管在大小上有差別，但一定會使用木作手工具。

其中最為大眾所知的，就是以鍛打製成的刀具為中心的木作手工具。包括鉋刀、鑿刀、鋸子、尺、畫線記號工具等，這些手工具幾乎都不具有買來就可立刻使用的狀態。最容易明白的例子，就是玄能鎚。

在家庭建築用品店中販賣的玄能鎚，是一開始就附帶木柄的商品；但若是由被稱為玄能鍛冶的鍛冶職人所打造的玄能鎚，販賣的大多是未插上木柄的鎚頭。

也許有人會懷疑：為何要賣不完整的工具？但是，手工具原本就是必須配合自己的使用目的與腕力，來整理成適合自己使用的東西。

對於習慣了使用剪刀、小刀、電動工具等的人來說，不知不覺之間被灌輸了工具是買來就能立即使用的東西，但是，木工中使用的工具，無論今昔，配合自己的使用目的整理為適合自己使用，是基本原則。

玄能鎚只販賣鎚頭，也是因為如此，有些打鐵舖也會販賣沒有將刀刃置入的鉋台。

話雖如此，無論是鉋刀也好、玄能鎚也好，鉋台或木柄都是用橡木等堅硬的木材製作而成，初學者是無法立即學會整理技巧的。此外，有木材與金屬才能構成的工具，每一種都會因為環境而產生伸縮，並且因為於使用過程中會產生磨耗，就算以立刻能使用的狀態販賣，該狀態也無法長久維持。

為了要隨心所欲地使用木作手工具，就必須要學會整理與調整。相反地，只要習慣了整理作業，能隨心所欲使用手工具，木工的範疇也會因此拓展開，這就是木作手工具的奧妙。

在本書中，將針對一方面想學會木工，一方面又對手工具的使用、整理或研磨等作業感到抗拒的人，逐步說明能夠合理而不勉強地整理手工具、進而得心應手的使用方法。

藉由知道手工具的種類與用途，再逐漸了解整理每項手工具時該注意的地方。

重點在於削出平面的鉋刀

首先，要介紹的是鉋刀。鉋刀可說是進入木作師傅手下當學徒時，第一個必須學會的工具。並非因為這是最適合初學者的工具，反而是精密度相當高的刨削，必須學會深奧的技巧才行，因此，需要趁早學習鉋刀，並且逐漸習慣使用方式。在本書中，鉋刀的整理也占了相當多的篇幅。首先，就針對最基本的平鉋開始說明。

所謂平鉋，是於被稱為「鉋台」的木製台身裡放入刀片，將鉋台加工為有如基準面一般可將木材表面削平的手工具。因此，為了將要加工的木材表面削成準度精確的平面，鉋台身做為基準那一面——稱為誘導面，必須是精準平面才行。

誘導面的平面準度愈精確，而且凸出的刀片與誘導面呈現平行狀態，才能夠削出漂亮的刨屑。

如能正確整理誘導面並且研磨刀片，鉋刀就可以削出數微米的薄屑。因此，像整理誘導面或磨刀片時所執行的砥石整平作業等，也都必須一項一項精細地進行才行。

但是，實際木材加工時，需要將表面逐漸削去數微米，不僅效率很差，鉋刀的整理也很花時間。

事實上，所使用的鉋刀，只要能夠削出40微米的刨屑就很好了，不用太過於神經質，也不用想著一開始就要削出又薄又漂亮的刨屑，只要整理鉋刀，試著削看看。如果無法順利刨削，一邊思考理由一邊尋找原因，並能夠立刻著手整理來提升經驗值，才是最重要的。要想學會如何整理工具，不能只由整理工序中學習，而是要試著使用該手工具，並且從是否能夠得到想要的結果來學習。無論手工具品質有多好，如果不提升使用技巧，研磨與

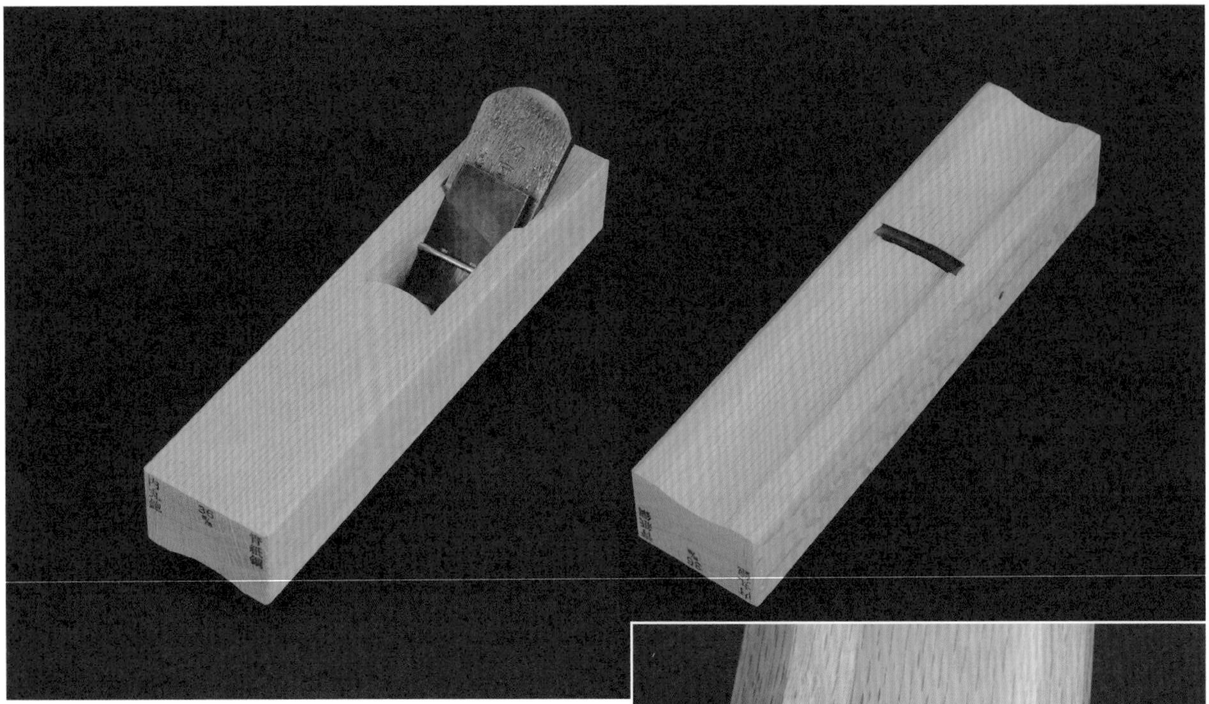

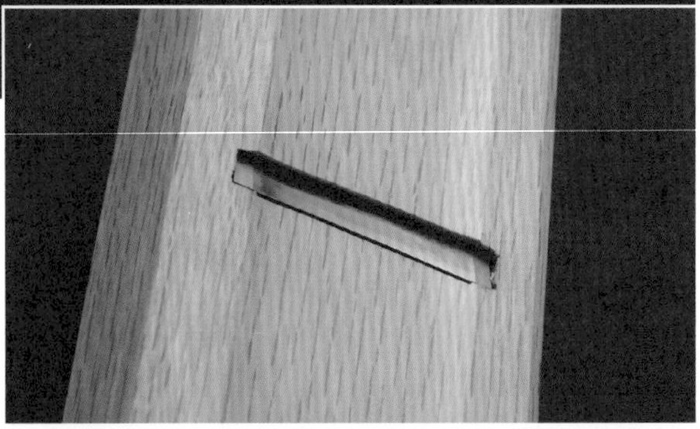

內丸鉋

用來加工圓柱、半圓、1／4圓的鉋刀。比起要求完全直線與平面的鉋刀，加工曲面的鉋刀不需要要求太高的精密度。外丸鉋、四方反鉋等也一樣。

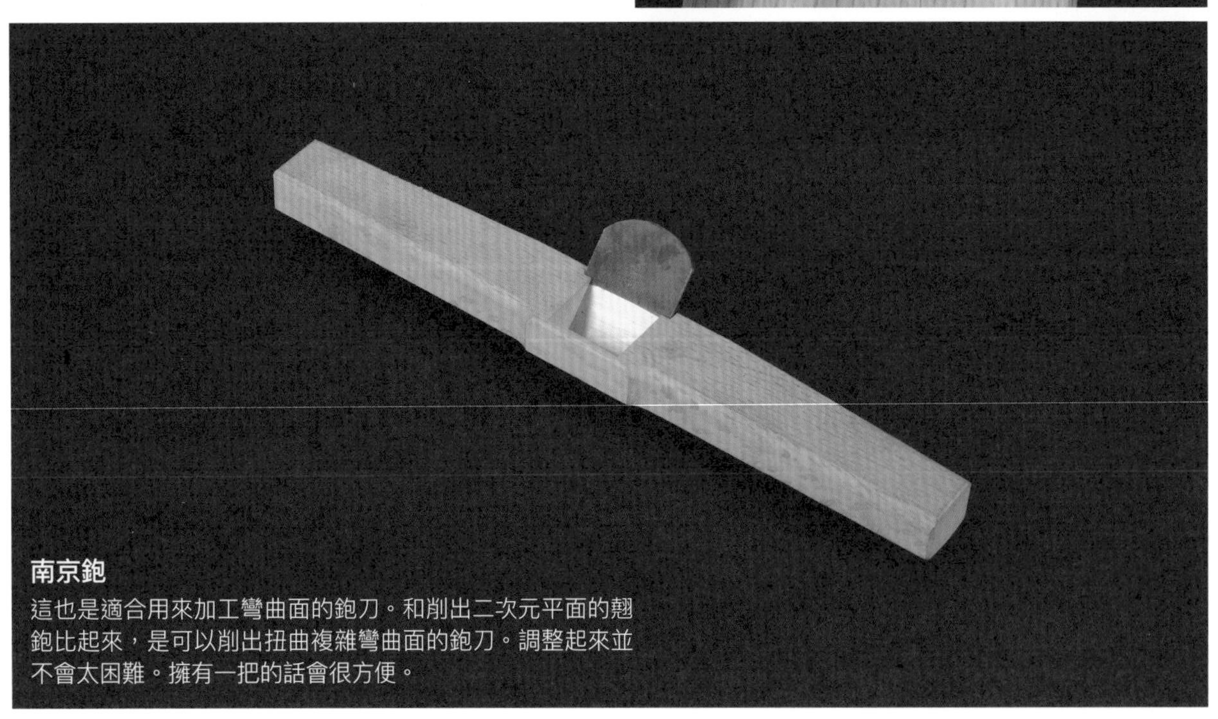

南京鉋

這也是適合用來加工彎曲面的鉋刀。和削出二次元平面的翹鉋比起來，是可以削出扭曲複雜彎曲面的鉋刀。調整起來並不會太困難。擁有一把的話會很方便。

整理也不會進步。不只讓單一技術特別提升，而是讓研磨、整理、刨削技術，每一樣都能夠逐漸提升，才是進步的祕訣。一樣一樣慢慢精進，來感覺刨削的喜悅。

不要只侷限於單一方法

鉋刀還有斜口鉋、角面鉋、立鉋等，都是跟平鉋一樣誘導面呈平面，刀刃線為直線的鉋刀。特別是斜口鉋，除了誘導面之外，刀片凸出的側面也同樣有基準的功能，調整的難度也因此變高。

立鉋雖然是用來整理平鉋誘導面的工具，但也必須保持自身誘導面為平面。為此再購入另一把立鉋，讓彼此相互做整理，雖然這個方法也是可行的，但為此必須花錢再增購，或許不少人會不願意。

在實際上使用鉋刀的過程中，也會逐漸明白自己想要的精密度。一旦能掌握，就可能以其他方法整理鉋台，並且簡單地進行修整。

關於刀片為曲線的鉋刀

接下來，要說明關於內丸鉋、外丸鉋及四方翹鉋，這些都是裝有曲線刀片的鉋刀。內丸鉋是用來刨削圓柱或圓棒等呈凸形的材料；外丸鉋則相反，使用在刨削呈凹形的凹陷材料；四方翹鉋則用在刨削椅子的坐板等作業上。這些鉋刀的刀片為圓弧形，鉋台的調整也必須配合這一點。特別是內丸鉋的刀片為凹形，無法使用研磨平鉋時的平面砥石來研磨，必須要有配合刀片曲率的凹形砥石。但因為刀片的曲率並沒有規格化，所以必須自己做出相應的砥石曲面。

四方翹鉋與外丸鉋的刀片因為是凸形，要使用平坦的砥石來研磨不是不可以，但在研磨的過程中，砥石會隨著刀片的凸形而逐漸凹陷。如果使用頻率很高，磨製凸形刀片專用的砥石，也是很合理的方法。但是如果手邊只有一個砥石，將背面磨成凹狀，正面當做研磨平直刀片專用，也是一種做法。

無論是哪一種，可以不需要不像研磨平鉋的刀片時，維持那樣嚴格砥石的平面的程度來研磨圓形刀片。此外，對於鉋台的整理，即使沒有那麼嚴密的要求，還是能充分發揮功用。

由基本到應用

其他還有相當多種類的鉋刀，本書雖然不多做介紹，但是只要記住以下原則：刀片為直線的鉋刀以平鉋的研磨為基本，圓形刀片的鉋刀則以內丸鉋、外丸鉋的研磨方法為基本，理解之後，關於研磨大致就不會有太大問題。

關於鉋台的誘導面調整，平坦誘導面的鉋刀雖有很多種，但請將平鉋的誘導面調整當做基本規格。

關於圓形刀片，內丸鉋、外丸鉋的誘導面，需要配合刀片曲率來調整成相同曲率。研磨刀片後試著放進鉋台中，逐漸將刀片與鉋台研磨成相同曲面，是一種處理方法。但既然已經有了磨成圓形的刀片了，先將刀片放入鉋台中，再將另一片木材逐漸削成跟刀片相同的寬度，製作出凹凸角度完全吻合的治具，並且用該治具來調整誘導面，是另一種處理方法。

內丸鉋、外丸鉋配合刀片曲線的曲面，固然相當重要，由鉋尾到鉋頭為止必須為一直線，也很重要。

四方翹鉋的誘導面整面都是曲面。鉋台必須配合刀片的曲面這一點，與外丸鉋是一樣的，但由鉋尾到鉋頭為止的曲面，則根據要刨削的對象而有所不同。因此，使用者必須自己做出自己想要的曲面。

削出大曲線時使用的鉋刀

南京鉋的刀片前後沒有鉋台存在，因此只要稍微削去鉋台的前後面積，就可成為能削出角度大曲線的方便鉋刀。此外，往左右伸出的鉋台可用雙手握住來使用，也可安定地削出扭曲的曲線。

誘導面的調整雖然不算難，但要退刀、進刀時，敲打的地方跟其他鉋刀不同這一點，以及刀鋒埋有黃銅必須搭配砂紙來調整等，都是需要下工夫的。

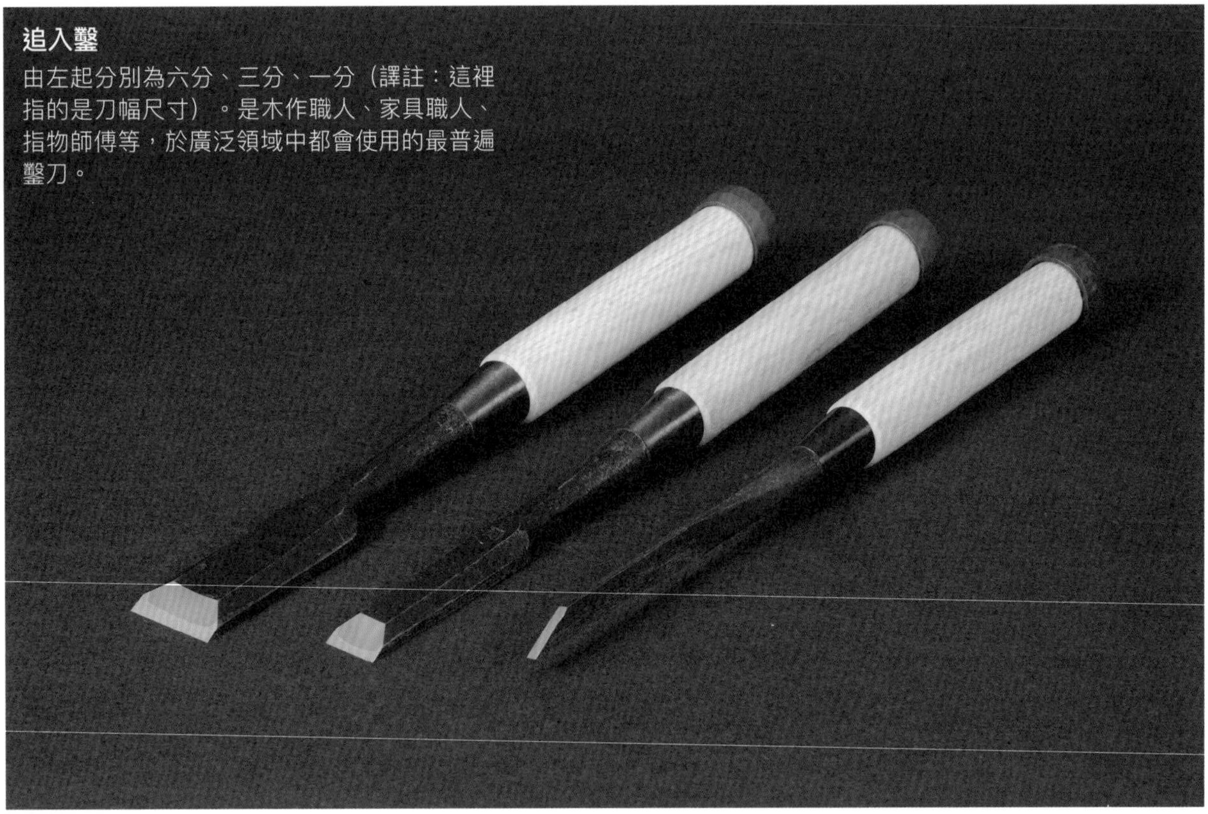

追入鑿

由左起分別為六分、三分、一分（譯註：這裡指的是刀幅尺寸）。是木作職人、家具職人、指物師傅等，於廣泛領域中都會使用的最普遍鑿刀。

關於鑿刀的整理

與鉋刀並列為最具代表性木作工具，就是鑿刀。由形狀來分類，大致可分為握柄的頭部有鐵環的「打鑿」，與沒有鐵環的「修鑿」。有鐵環的鑿刀，主要是以玄能鎚敲打方式來使用；沒有鐵環的鑿刀，則以手施壓方式來使用。

鑿刀的種類非常豐富，也有許多配合加工對象的專用鑿刀。基本構造是由刀鋒開始的金屬部分，以及手握部分的木柄，以及其交界處的套把。打鑿則是木柄的頭部裝有鐵環。

一般來說，使用前必須進行的是被稱為「下冠」（譯註：日文稱鐵環為「冠」，意為取下鐵環）的作業。打鑿的使用方式是以玄能鎚敲打柄頭，為防止木柄缺角或裂開而裝有鐵環。新品的鑿刀的鐵環，有些是以暫時裝上的狀態在販賣的。如果以買來的狀態直接使用，鐵環會脫落或歪斜，因此，買來後必須先將鐵環拿下來，進行取下鐵環的作業。

配合刀刃的形狀來研磨

除了用來加工榫接或接頭內部用的鑿刀之外，還有用來清除溝底的鏝鑿、或是用來加工小卯眼內部的銛鑿等，根據目的不同，而有各式各樣的形狀。此外，如果加上雕刻用的鑿刀，或用來加工鉋刀刀鋒所使用的鑿刀，種類將更為龐大。研磨本身也必須配合刀刃的形狀進行改變，但基本上，只要想成研磨直線的刀刃與圓形刀刃的差異就可以了。

研磨時必須注意的是，追入鑿或薄鑿等有直線刀刃的鑿刀鋼面研磨。與鉋刀不同，鑿刀的鋼面具有基準的功用，會直接接觸修鑿材料。因此，鑿刀的鋼面必須貼緊砥石，磨成平面的砥石面積必須大於刀片。

至於有圓形刀刃的鑿刀，還是必須配合其曲面的砥石來進行研磨。因為不需要很長的來回研磨長度，在一個砥石上挖鑿數條不同曲面的溝槽來使用，就不會浪費。

內丸鑿

主要是用來雕刻的鑿刀，使用時像舀起般的動作。斜刃面為曲面，研磨時，必須一邊將砥石磨出帶有凹狀溝槽，一邊進行研磨。

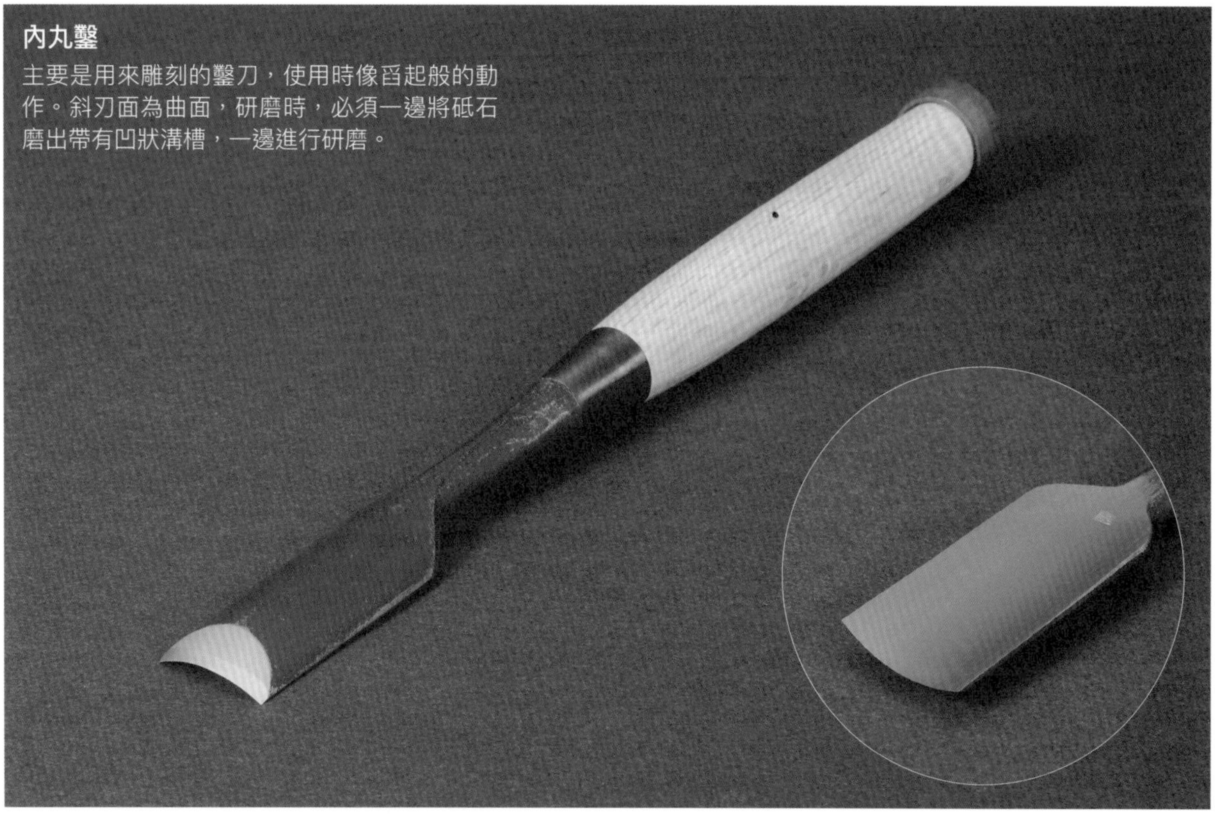

外丸鑿

雖然常與內丸鑿一起舉例說明，但這是呈直線的鑿刀。用來加工圓柱等的接合部位。外丸鑿的斜刃面其實是平坦的，用一般的砥石來研磨即可。

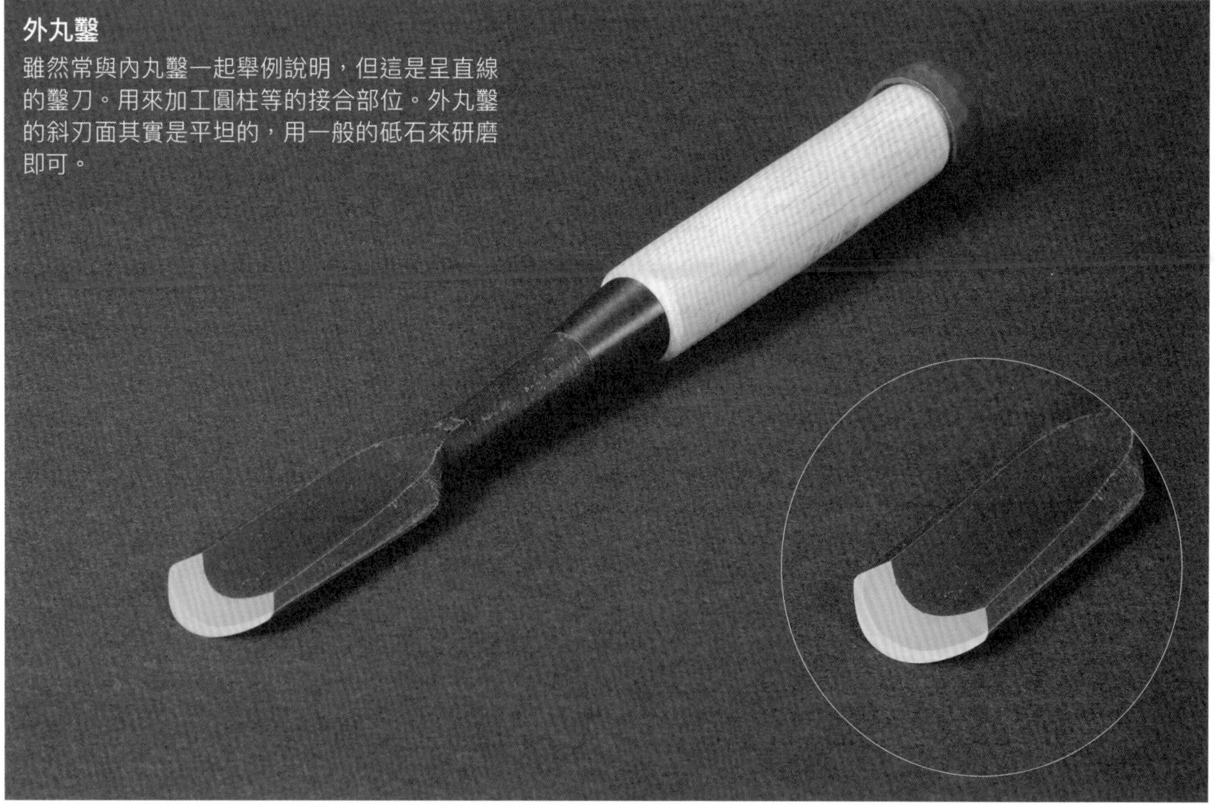

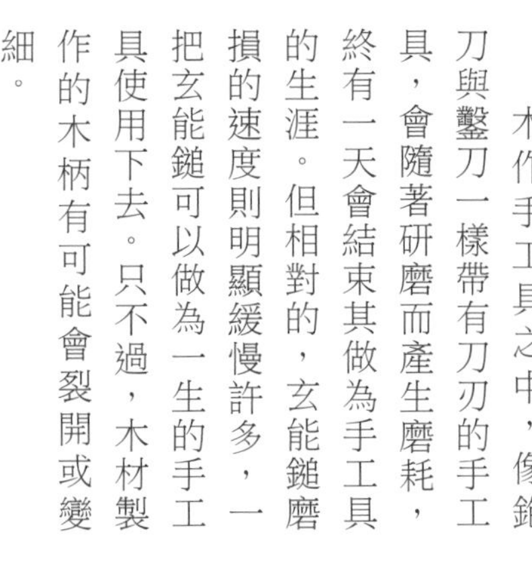

玄能鎚

玄能鎚的形狀有幾種不同種類。是使用鑿刀、釘釘子時的必需品。鎚頭一面為平面，一面為微凸面，用來做為木殺面（譯註：榫接時用來敲打稍大的榫頭纖維，使之暫時縮小，接上後，木材會恢復原本大小來增加交接處強度。此處的敲擊稱之為「木殺」）。

船手型金槌

鎚頭一邊為尖頭的玄能鎚。用來打出鉋刀鋼面時，非常方便的工具。

關於玄能鎚的整理

木作手工具之中，像鉋刀與鑿刀一樣帶有刀刃的手工具，會隨著研磨而產生磨耗，終有一天會結束其做為手工具的生涯。但相對的，玄能鎚磨損的速度則明顯緩慢許多，一把玄能鎚可以做為一生的手工具使用下去。只不過，木材製作的木柄有可能會裂開或變細。

玄能鎚可說是使用鑿刀時絕對必要的工具，對使用頻率很高的人來說，玄能鎚的重量與形狀，木柄的長度與粗細，每一個細微差異，都會對存留於身體的疲勞程度產生相當大的影響。因此，對很多人來說，是必須很講究的手工具。

玄能鎚的木柄可以自己組裝，或許就是因為這緣故吧！但相反地，如果是日常生活中不會對身體造成影響的低使用頻率，或許就不需要這麼講究也說不定。

但在使用過程中，如果木柄鬆脫了、或是想要調整木柄長度等，說不定就會希望能夠加上自己獨特的工夫。

木作手工具需要整理為適合自己使用，能夠這樣理解，習慣性地學會組裝玄能鎚的木柄，也絕對不是無用的努力。用得愈順手、就愈有獨特感情，應該就愈能提高作業的完成度。

關於形狀與木柄的長度

玄能鎚鎚頭有許多不同的斷面形狀，有圓型、橢圓型、四角、八角等。不過並非根據斷面形狀的不同而分開來使用，比起整體的外觀，重量與打擊面積大小的差異，才會因使用目的不同而改變。

例如用鑿刀來挖鑿卯眼時，為了將強力的打擊力量傳遞出去，要使用的是全長較長的、具有重量的玄能鎚；至於指物或雕刻等，要從各種角度正確地入鑿，則要以鎚頭較粗短的玄能鎚，精準地下鎚。

木柄的長度，也需根據使用目的而改變。需要較強力量時，用長柄；需要安定地敲擊時，則插上較短的木柄。此外，也要根據腕力大小來調整長短。

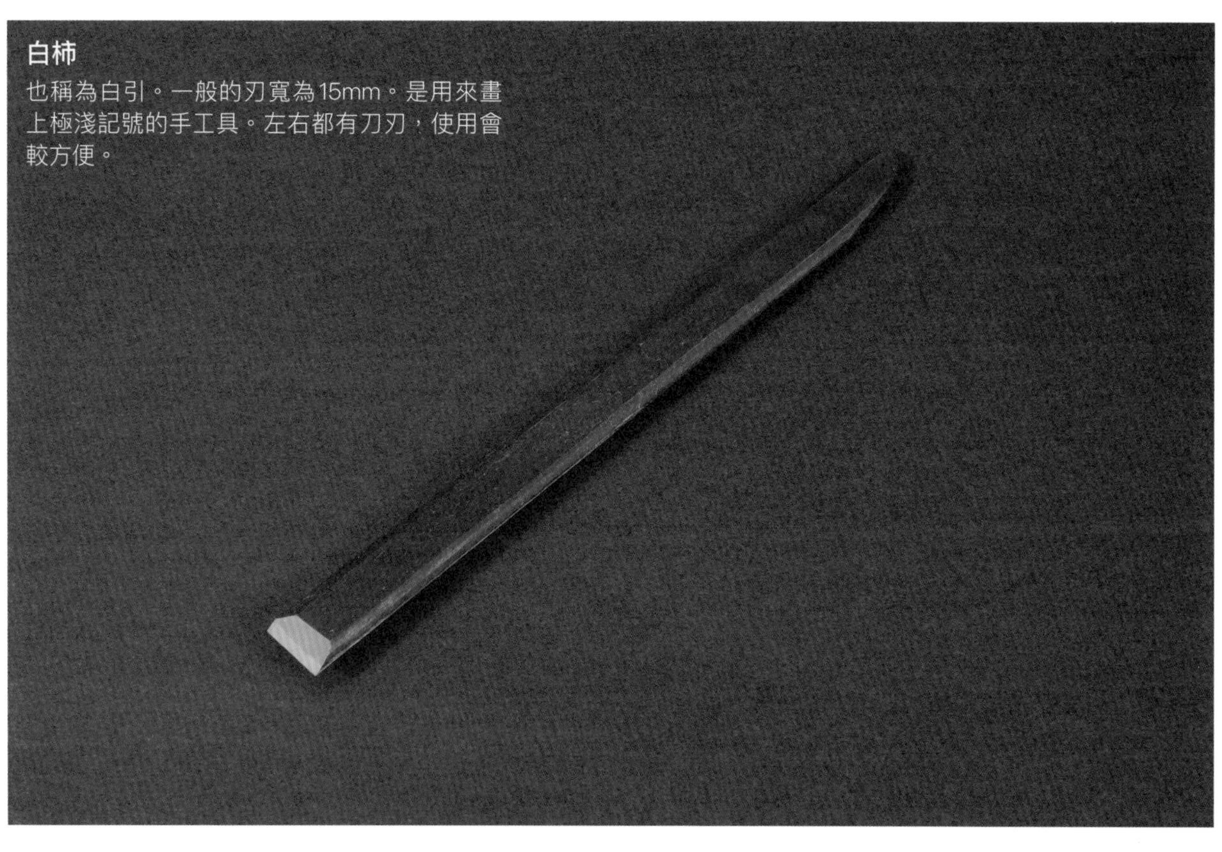

白柹
也稱為白引。一般的刃寬為15mm。是用來畫上極淺記號的手工具。左右都有刀刃，使用會較方便。

畫線工具的種類

木作中，為了在材料上加工而畫線，在日文中稱為墨付け・罫書。要在建築物的柱子這些較長的材料上畫直線時，尺的長度不夠，則要使用墨壺。

可以用尺來畫線的較短的材料，則使用白柹。此外，若將要做記號的材料本身的一個邊當做尺來使用，畫上與該邊平行的線時，則使用毛引（譯註：平行畫線器）。毛引是將刀刃的寬度固定住使用，因此可在複數的材料上畫上同樣寬度線。要加工數量眾多的同一個配件時，可以快速正確地畫線，是非常好用的工具。

毛引的種類，有於木台上插入木桿，並且於木桿上附有刀刃的筋毛引；以及木桿本身由刀鋒延伸為L型，並插進木台的鐮毛引。鐮毛引可用附帶的兩把刀刃一次畫下溝槽兩邊的記號，因此也被稱為兩丁鐮毛引。

毛引與白柹都是用刀刃在木材上畫下細刻痕的工具，將該條線當做加工線進行加工。因為可畫上比鉛筆或自動鉛筆還要細的線，是於指物接口加工等作業，需要講求正確地做記號時不可或缺的工具。此外，也可以改變研磨方式刻意降低其銳利度，來改變刻線寬度。

例如以夾背鋸切割45°的菱形時，要配合鋸片的厚度，將白柹研磨成鈍角來做記號，並且於刻痕內直接下刀，讓鋸片不要和刻痕錯開。

畫線工具的整理法，最重要的是，必須能隨時裝上可以切割的刀刃，以及想像做記號時需要的刻線寬度等，將研磨方式納在掌控中。白柹的研磨跟其他刀刃類相同，要研磨鋼面以及斜刃面，但因為鋼面會緊靠在尺上，研磨必須採用不讓刀刃會跑到尺上的方式。

此外，筋毛引埋於木桿上的刀片非常小，要能安定地進行研磨很困難，不習慣的人可以製作治具，使用上比較方便。鐮毛引的刀刃呈L型，為了不跟砥石產生碰撞，面對砥石時的放置法和拿法，都必須下工夫。

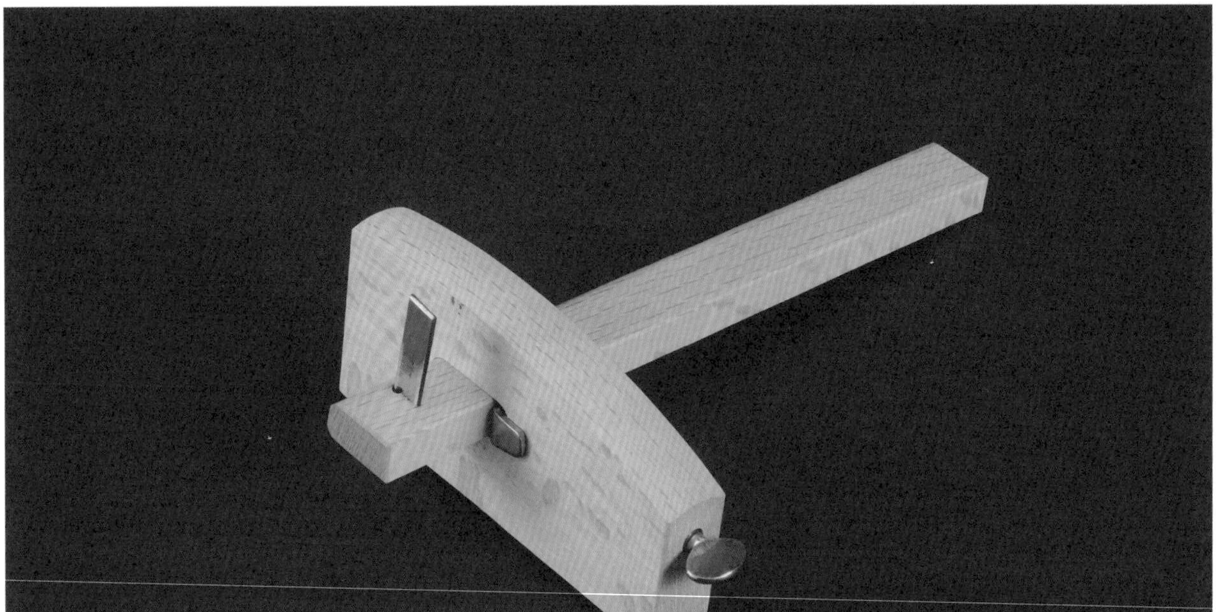

筋毛引

在材料上做平行記號的工具。有以螺絲固定住木台與木桿的形式，也有以木楔固定的形式。有許多不同種類，也是很多人會自行製作的工具。

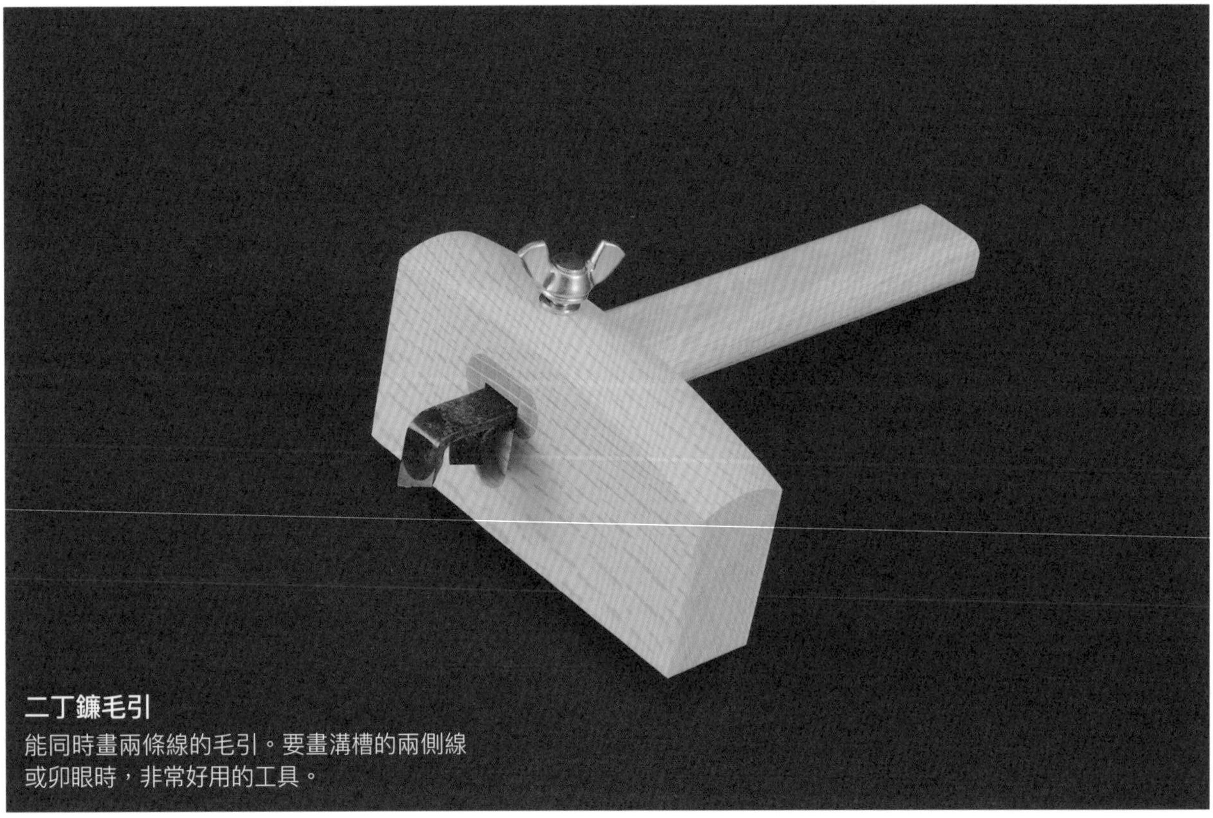

二丁鑲毛引

能同時畫兩條線的毛引。要畫溝槽的兩側線或卯眼時，非常好用的工具。

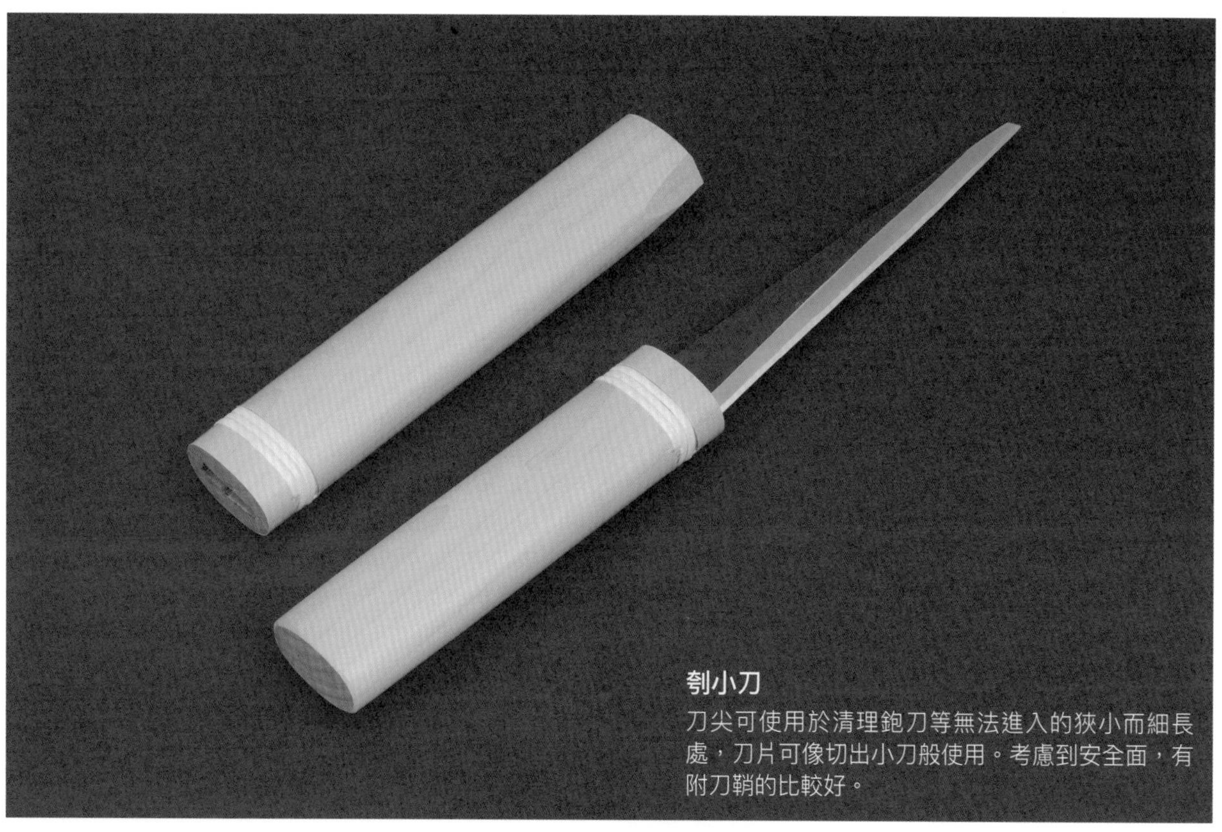

剳小刀
刀尖可使用於清理鉋刀等無法進入的狹小而細長處，刀片可像切出小刀般使用。考慮到安全面，有附刀鞘的比較好。

切出小刀
用來徒手削切木材時使用。想稍微進行加工時很方便，是會希望手邊能有一把的手工具。

切出小刀與剳小刀

切出小刀是能在木作的各種場面都能發揮功用的基本刀刃。

剳小刀則是適合用來削去翹鉋或南京鉋無法刨削到的狹小彎曲處。刀尖的尖銳部分，可用來加工角度大的曲線或狹小細長處，而刀片根部，也很適合施力削切時使用。

切出小刀與剳小刀的研磨方式沒有太大的差異，不過，因為剳小刀的刃面面積比較大，需要講求更高的精準度。如果會研磨剳小刀就會研磨切出小刀，因此，本書介紹的是剳小刀的研磨方式。

整理時使用的工具

為了能夠隨心所欲使用木作手工具，每個手工具都需要適合的整理方式。要能夠正確地整理，就需要相應的整理工具。在此介紹的工具，並非都是沒有就無法進行整理，也有可代用的工具。此外，根據對手工具所要求的精準度不同，需要的整理工具也會不同，在此僅介紹無論如何都希望能夠讓大家認識的整理工具。

收集符合自己程度的工具

在介紹關於木作手工具整理方法之前，先看一下整理時需要的工具種類。

用來做整理的工具，有完全屬於專業的工具，但有時也會使用平常木作時使用的工具。

特別需要使用工具來整理的，應該就是鉋刀了，但是自己想要讓整理做到何種程度，所需的工具也會有差異。因此，首先要先明確想好自己想要求的程度。

例如只買鉋刀的刀刃，自己來做鉋台這種程度，在本章出現的工具，就幾乎都需要收集齊全。

不過，應該大多數人都抱持著，如果只屬於興趣的範疇，不需要太嚴格的堅持，只要購買已經帶有刀刃的鉋刀，能夠削出某種程度的薄刨屑就夠了吧！

的確，手工具愈銳利，精準度愈高，當然是愈好的。但是手工具是經由使用者雙手的技術才能被活用的工具。要能夠正確地進行加工，使用最恰當的手工具以及具有技術，才可能真正實現。

只要欠缺其中一樣，木工製作就不會進步。只不過，如果具有正確的技術，即使是精準度稍差的工具，說不定也可藉由技術來提高精準度，並改善銳利度。但是接下來，就會在效率上產生問題。

即使以高度的技術來將不那麼好的手工具，調整為很好使用的狀態，結果還是無法長久使用下去。更何況，這樣會變成將勞力與時間都耗在調整不好的手工具上了。

因此，具高度技術、一流的職人，會使用一流的手工具。

相反地，若要說不具技術的人使用一流的手工具是否有意義，雖然不能說完全沒有意義，但因為經驗過少，而且沒有可比較對象，在能更真正了解手工具優點為止，需花費較多時間吧。

手工具的使用方法，我最想建議的，是即使不使用最頂尖上等的手工具，也要使用符合某種程度條件的手工具，並且先充分了解該手工具的功能。這樣才能一開始就懂得與其他手工具做比較，也能夠逐漸清楚知道自己想要追求的程度高低。

因此，實際使用鉋刀，發現削出的刨屑小於刀刃寬度、或是想要削出更薄的刨屑，使用鉋刀的人，自己會產生這樣的疑問或目標，因此去學習、選擇適合的整理方式，這才是最重要的。

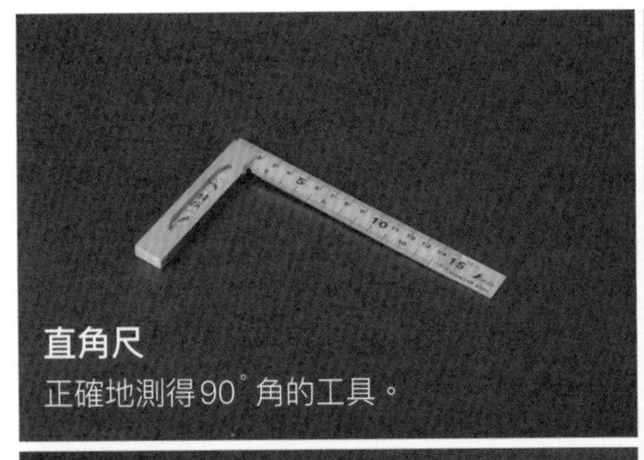

直角尺

正確地測得90˚角的工具。

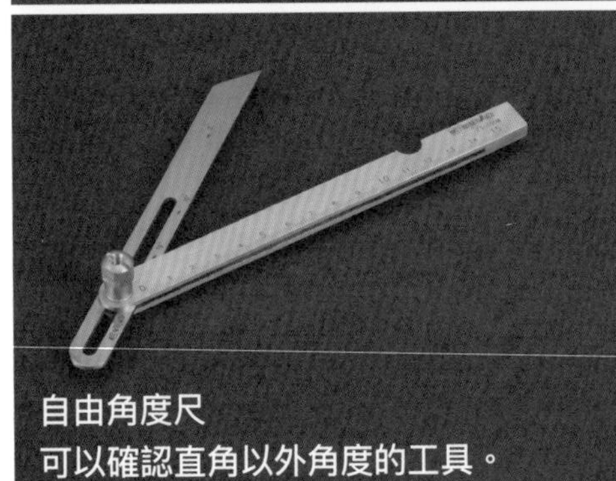

自由角度尺

可以確認直角以外角度的工具。

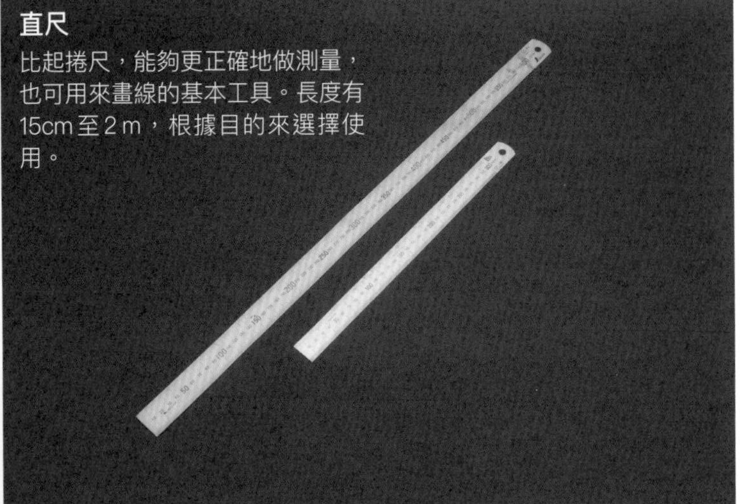

直尺

比起捲尺，能夠更正確地做測量，也可用來畫線的基本工具。長度有15cm至2 m，根據目的來選擇使用。

各種類的尺

整理鉋台，在同樣要加工木材的意義上，也算是一種木作。尺的種類如能夠收集齊全，將會提高效率，讓作業正確進行。

所有種類的尺都可以直接使用於木作，請務必全部收集齊全。

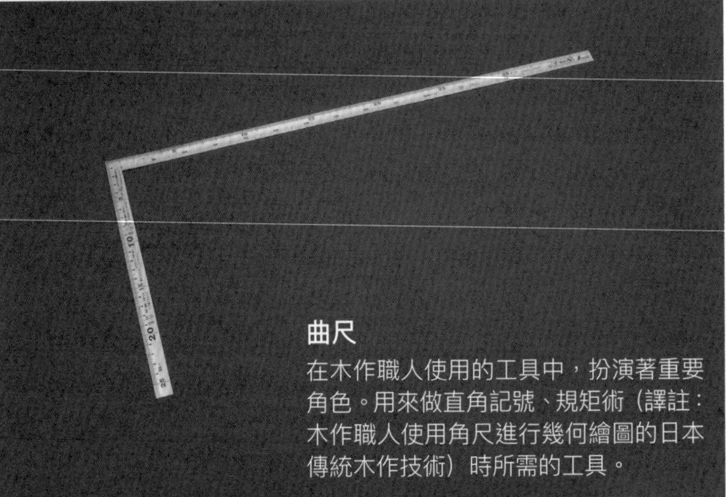

曲尺

在木作職人使用的工具中，扮演著重要角色。用來做直角記號、規矩術（譯註：木作職人使用角尺進行幾何繪圖的日本傳統木作技術）時所需的工具。

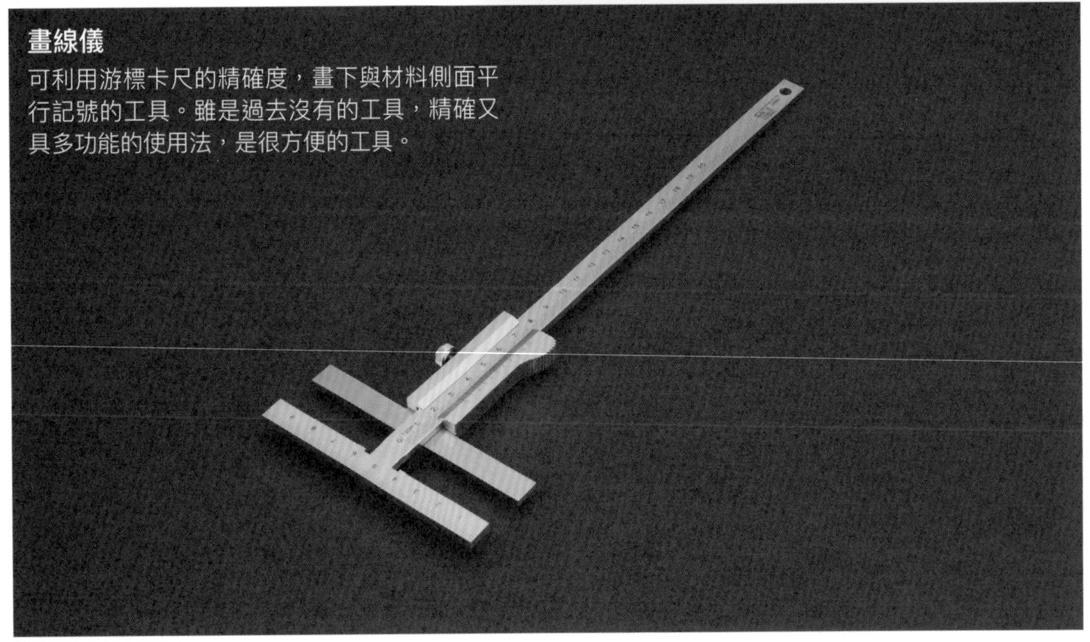

畫線儀

可利用游標卡尺的精確度，畫下與材料側面平行記號的工具。雖是過去沒有的工具，精確又具多功能的使用法，是很方便的工具。

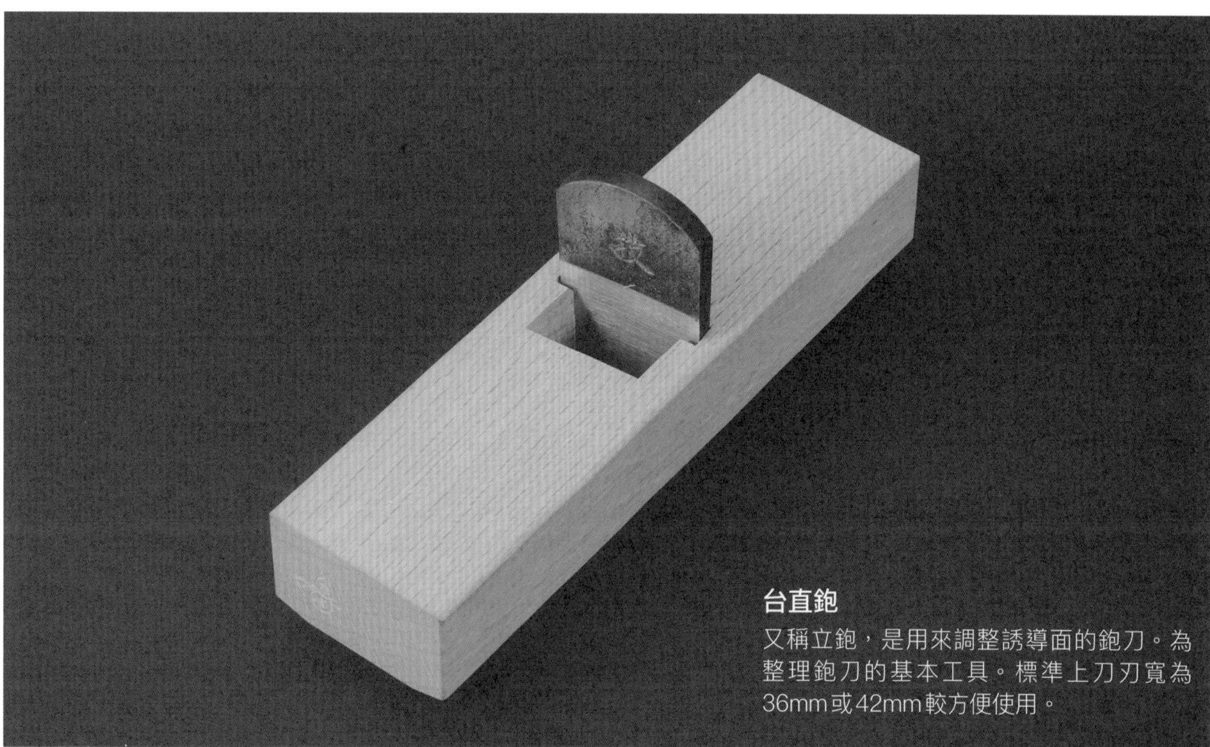

台直鉋

又稱立鉋，是用來調整誘導面的鉋刀。為整理鉋刀的基本工具。標準上刀刃寬為36mm或42mm較方便使用。

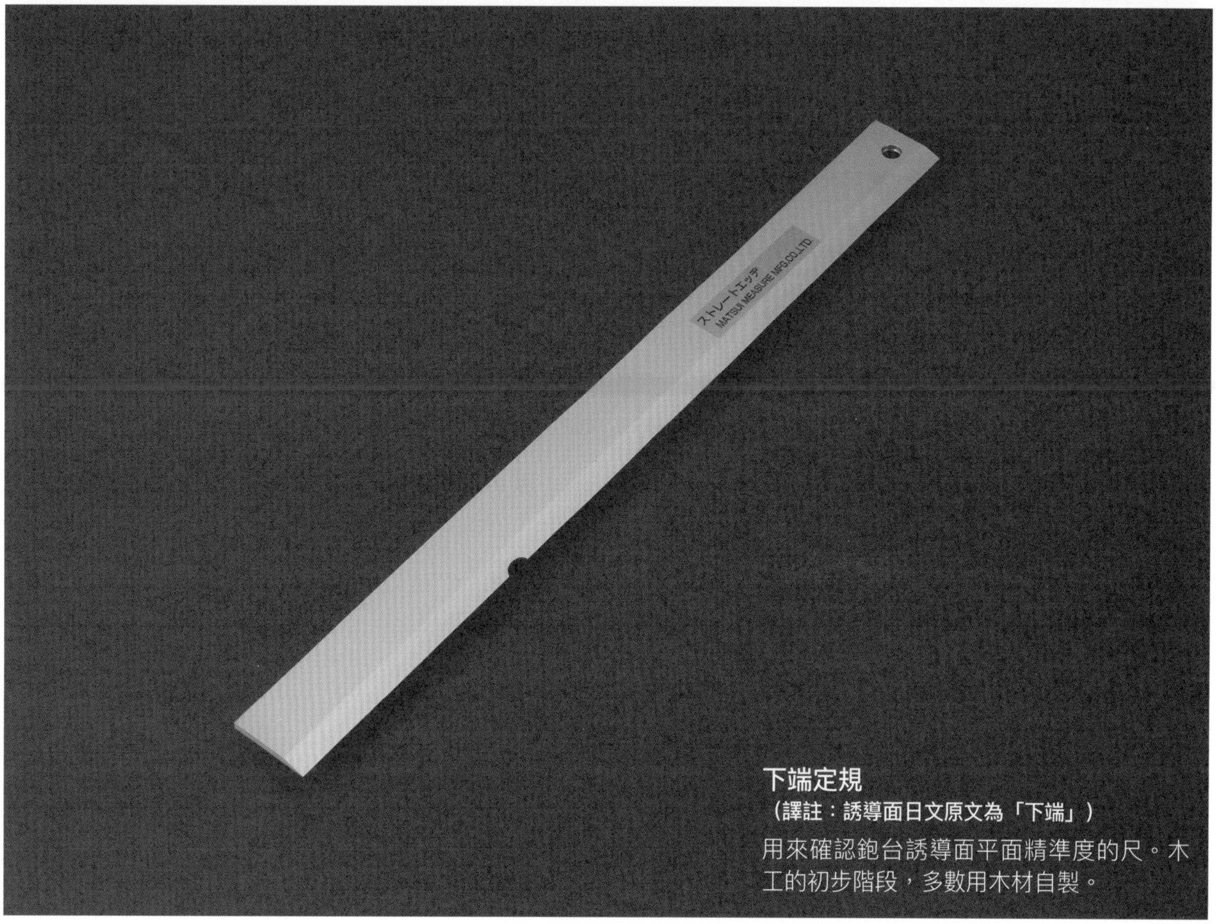

下端定規

（譯註：誘導面日文原文為「下端」）

用來確認鉋台誘導面平面精準度的尺。木工的初步階段，多數用木材自製。

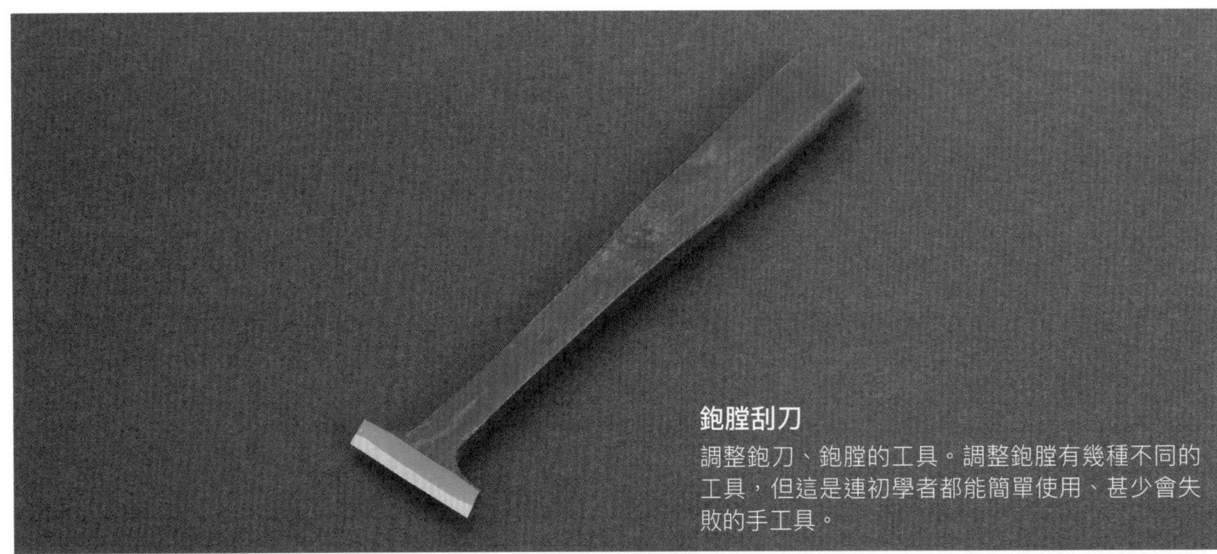

鉋膛刮刀

調整鉋刀、鉋膛的工具。調整鉋膛有幾種不同的工具，但這是連初學者都能簡單使用、甚少會失敗的手工具。

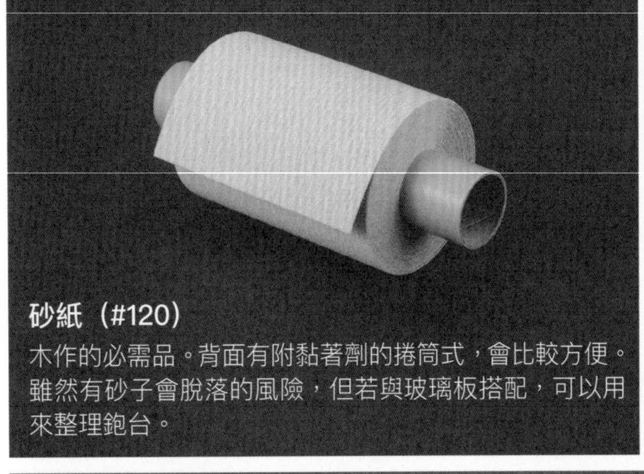

砂紙（#120）

木作的必需品。背面有附黏著劑的捲筒式，會比較方便。雖然有砂子會脫落的風險，但若與玻璃板搭配，可以用來整理鉋台。

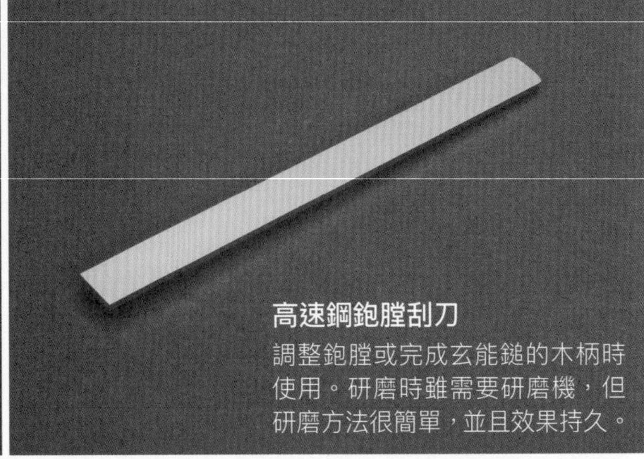

高速鋼鉋膛刮刀

調整鉋膛或完成玄能鎚的木柄時使用。研磨時雖需要研磨機，但研磨方法很簡單，並且效果持久。

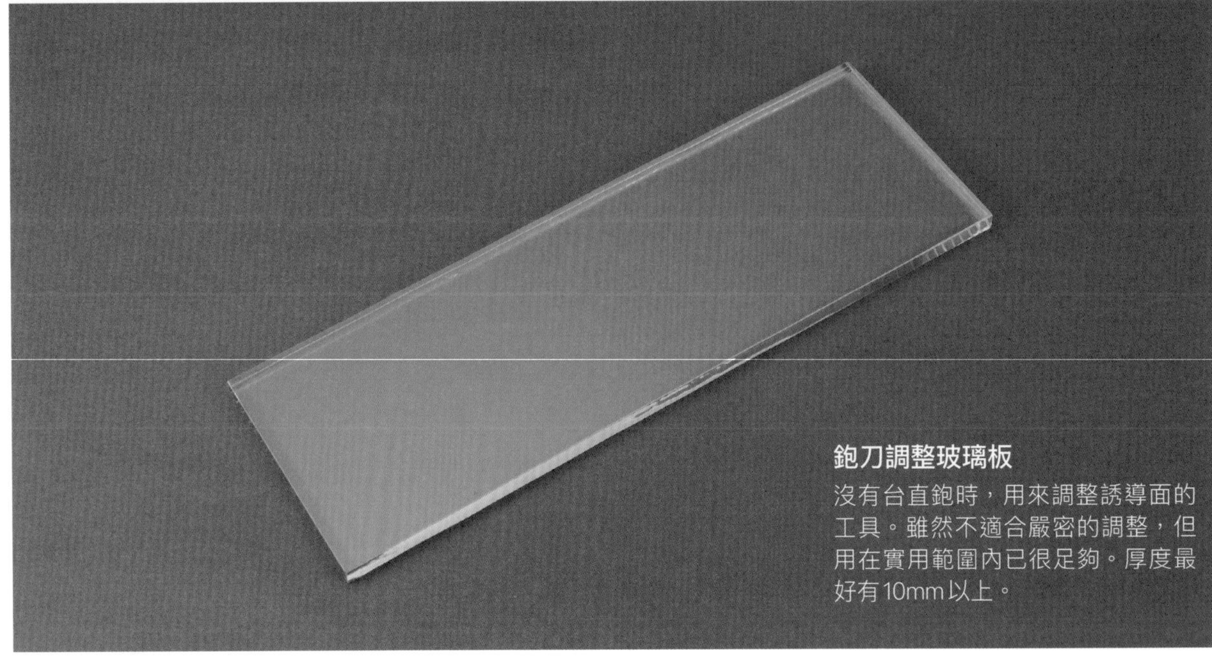

鉋刀調整玻璃板

沒有台直鉋時，用來調整誘導面的工具。雖然不適合嚴密的調整，但用在實用範圍內已很足夠。厚度最好有10mm以上。

鉋台鏝鑿

用來削鑿鉋台包口處，是適合程度高的人使用的工具。

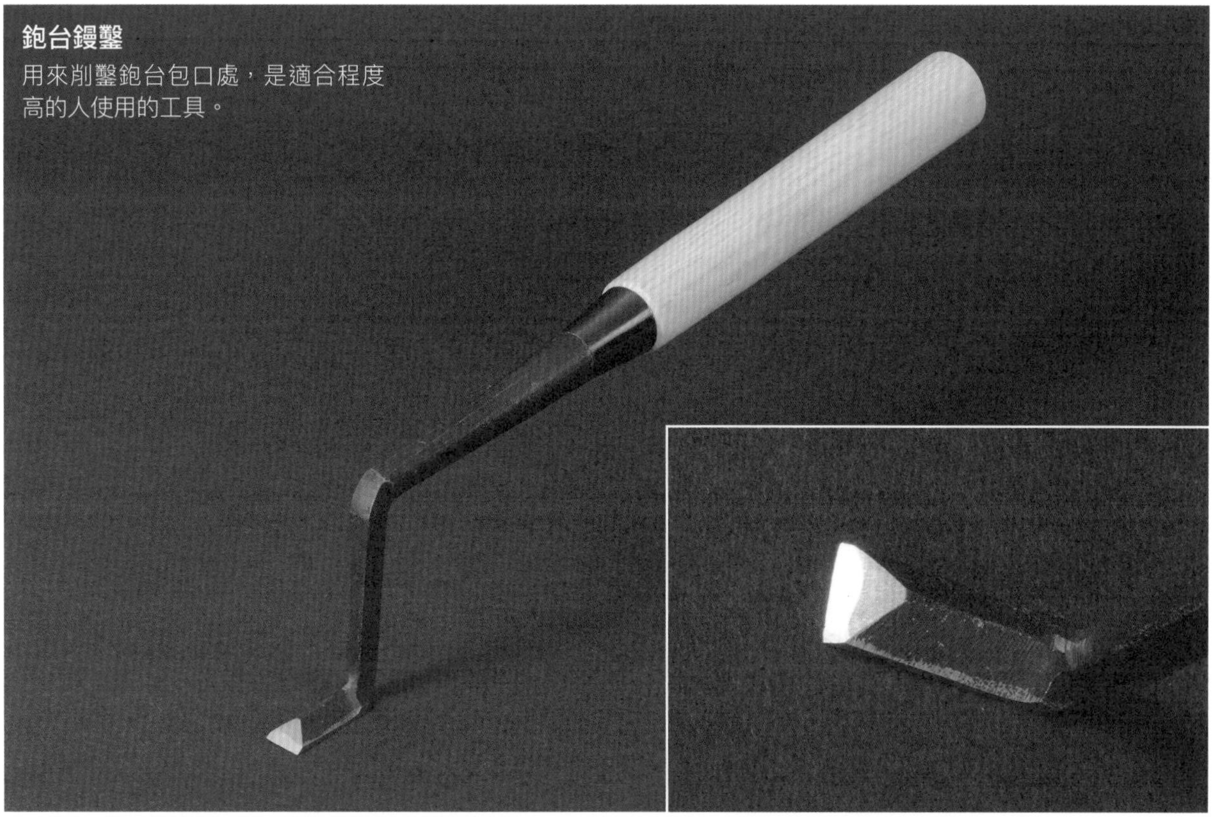

口切鑿刀

用來修齊鉋刀的排屑稜或刃口的工具。整理有包口的鉋刀時，不可或缺的工具。

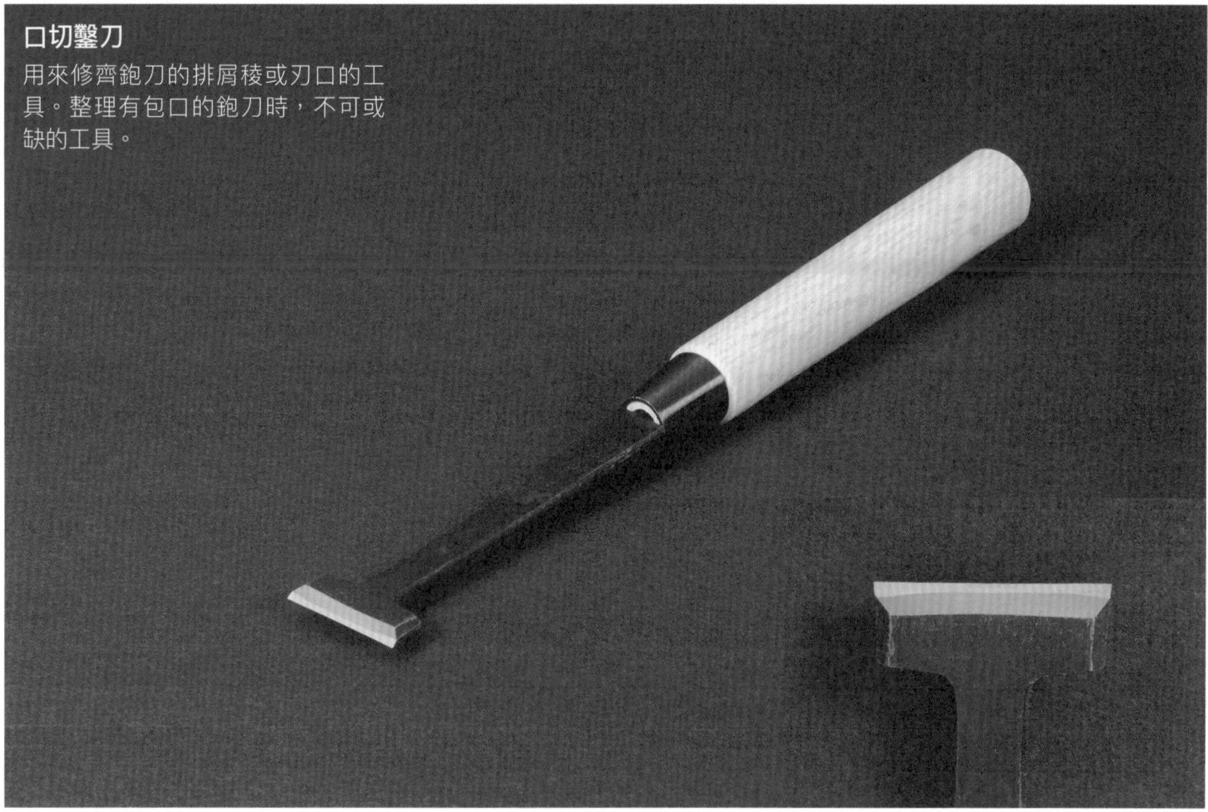

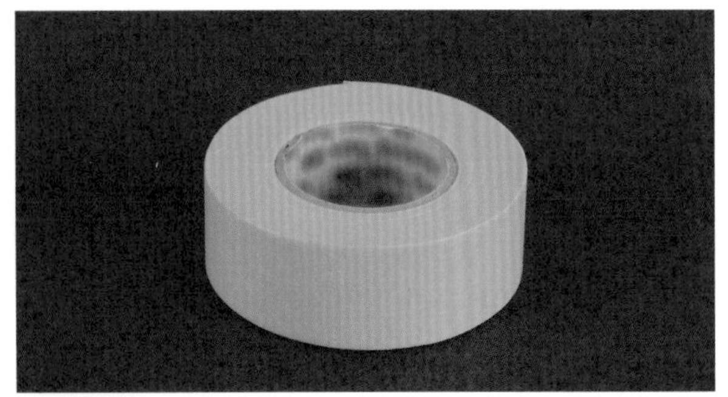

保護膠帶

研磨刀刃鋼面時，將白蠟塗於砥石上，用膠帶保護住刃部。

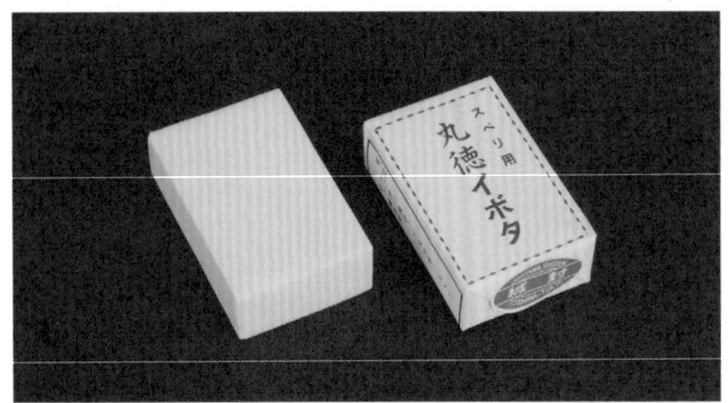

白蠟

用來填平砥石的顆粒，讓塗上的部分不會磨損到刀刃。

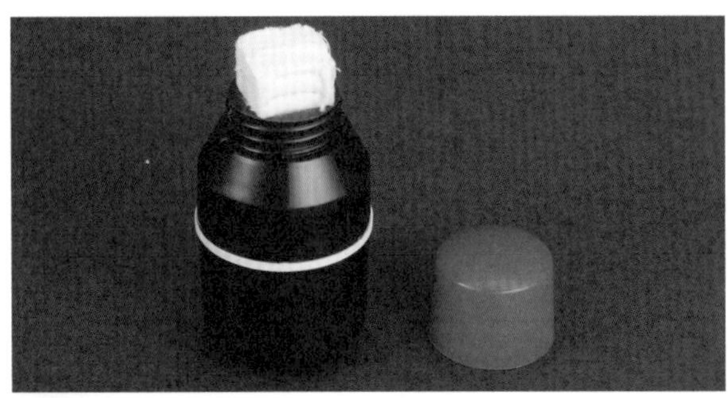

油壺

研磨刀刃之後塗上油來防止生鏽。

不鏽鋼膠帶

用來貼在研磨細鑿刀的治具底部，降低磨耗。

鉋刀研磨器K2

研磨刀片用的角度固定治具。有附微調的螺絲，可簡單與砥石緊密貼合。

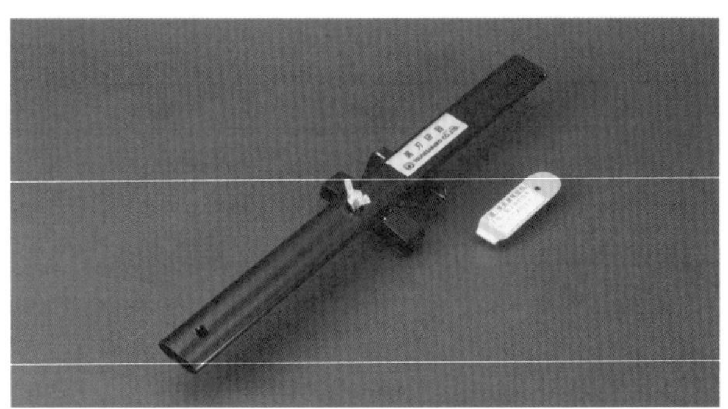

鉋刀鋼面研磨器

用金盤（譯註：平坦的鐵板，可撒上金鋼砂來做研磨）研磨刀片鋼面時，代替木頭固定住刀片的工具，非常方便。

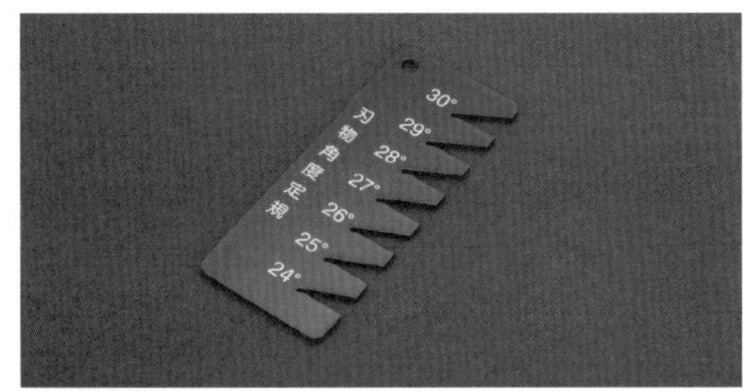

刀鋒角度治具

用來確認木作手工具刀鋒角度的角度治具。

下輪打

用來取下鑿刀鐵環的工具。

認識研磨的基本

關於木作手工具的研磨

關於整理木作手工具，個別手工具都有其獨特的整理方法，不過，關於研磨原理，基本上都是相同的。接下來，會於手工具的章節中個別說明，但請先把研磨的基本知識記在腦海中。

開始研磨之前

先製作研磨桶

木作手工具中有用來測量的手工具、刨削的手工具、切割的手工具等，但提到刀刃，「研磨」當然是不可或缺。無論是如何銳利的刀刃，其銳利度都不可能永久持續下去。

後面用來解說有關鉋刀、鑿刀的各章節中，雖然也會提到研磨，但這裡要先基本提及研磨整體概念。

要研磨刀刃，最低限度必須要有的工具是砥石與水。只要有這兩樣就可以研磨刀刃，但要占領家裡的廚房來進行研磨，是需要勇氣的。如果有自己的工房，要設置專用的研磨場雖然也是可能的，但若無法隨時都確保設置場所，建議各位讀者可以製作簡易的研磨桶。

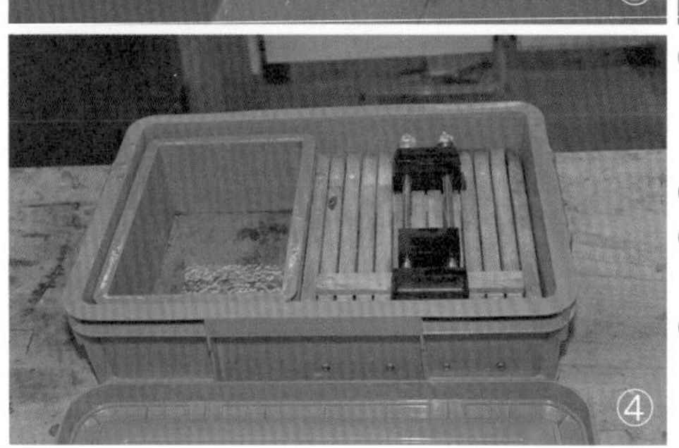

①用塑膠搬運箱製作的研磨場。可不用拘泥於此形式，一邊享受創意加工的樂趣、一邊試著做做看。
②固定砥石台座用的木板，先用圓頭螺絲固定。
③砥石台座固定在木屐鞋根形狀的木板上，並確保研磨的時候不會移動。
④在小桶內放入水，研磨的準備就完成了。

隨時將研磨場所準備好，是通往進步的捷徑。

一般會在一個桶中盛水，並事先將砥石放進水裡。但如果這桶水因為出漿而變髒，例如由中間石換成細磨石時，中間石的粉會覆蓋在細磨石上，就無法磨至光滑，因此必須不停換水。

這裡要介紹的是如同右頁的照片一樣，將放有水與砥石的小桶，再放入一個大箱子中的形式。

使用的是於家庭建築用品店中販賣的塑膠搬運箱。各家店販售的箱子大小不一，請選擇價格實惠的商品就好。箱子的蓋子，可當成其他砥石的濾水器具使用。

將要放置砥石台座的木板固定在大箱子中，這裡為了讓砥石台座能排水良好，使用的是棧板。製作方法沒有特別規則，只要利用手邊的材料下工夫去製作就可以。

可以在寶特瓶蓋上開小孔後裝水，用來做洗淨器具會很方便。

基本是人造砥石

接下來，要說明關於研磨刀刃用的砥石。砥石有分天然的與人造的兩種，分別都有粗磨石、中間石與細磨石的分類，現在的人造砥石無論是粗、中、細，全都具有很好的性能，在進行木工作業所需要的銳利度，我想只要有人造砥石，就可以研磨出來。

關於必要的砥石

研磨刀刃最低限度需要的砥石，為中間石與細磨石。當然，刀刃有缺口時會用到的粗磨刀，也希望能事先準備好。

這三塊砥石無論如何，都希望能收集齊全。關於粗磨石，以C砥石、GC砥石＃220（譯註：兩者皆為碳化矽製的砥石，＃後方數字代表顆粒粗細，數字愈小顆粒愈粗），或刃之黑幕＃320等比較好。此外，粗磨石也可用於整平砥石。

中間石以＃1000為基本，細磨石則使用＃6000至10000左右的砥石。砥石具有個別的特徵，根據使用者與使用刀刃的硬度等，評價也會跟著不同。在這裡不一一介紹個別性能，但請記住因製作方法不同，在管理上也會有所差異。

在日本，市面上的砥石有KING DELUXE、BESTER、剛研DELUXE等品牌。這些都是以被稱為瓷質燒結法的製法製成，即使一直浸泡在水裡，也不會變質。

至於刃之黑幕系列，是氧化鎂系的砥石，缺點是一直泡在水裡會變質。這系列雖然具

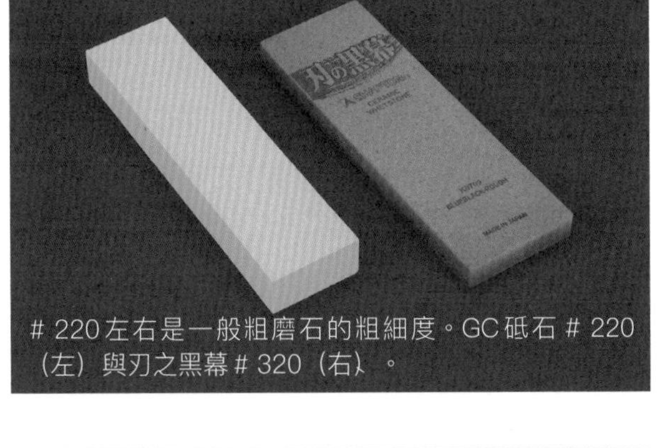

＃220左右是一般粗磨石的粗細度。GC砥石＃220（左）與刃之黑幕＃320（右）。

KING DELUXE等陶瓷系的中間石。無論是家庭用還是業務用，都非常廣泛普及。

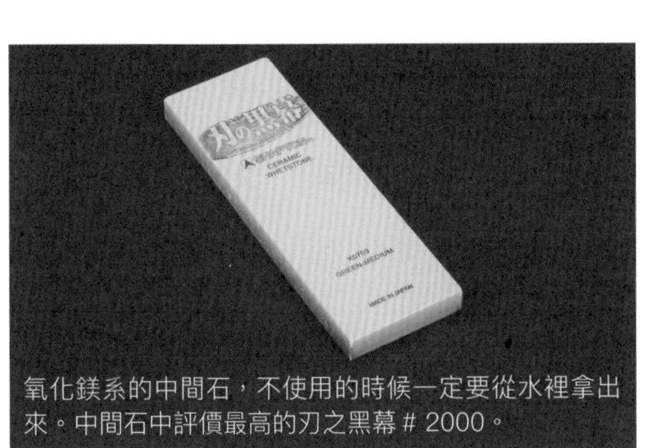

氧化鎂系的中間石，不使用的時候一定要從水裡拿出來。中間石中評價最高的刃之黑幕＃2000。

（註）本頁＃數字前的中英文名詞皆為砥石的品牌或系列名稱。

細磨石。由左至右分別為KINGG1、剛研富士、刃之黑幕、SUPER砥石。

有研磨力佳的評價，但被稱為名匠的木作職人或指物師，因個人喜好不同，很難一概而論哪一種比較好。

細磨石也是一樣，關於哪一個比較好，根據個人喜好與研磨的刀刃不同，評價也完全不同。

KING G1（＃8000）、刃之黑幕（＃12000）、SUPER砥石（＃10000）、剛研富士（＃8000）等都享有聲譽。

關於天然砥石，根據商品不同，品質好壞也會不同，不實際研磨看看，無法判斷是否符合自己喜好。此外，要進行判斷，也需要相當程度的經驗值，因此在此省略說明。

使用磚頭來整平砥石面。如果是中間石的整平，在實用範圍內可以使用。

整平很重要

有了中間石與細磨石，基本上就可以進行研磨了。但是，還有一個研磨時勢必要進行的重要作業：「整平磨石」。

刀刃會因為研磨而漸漸耗損，而砥石的耗損會比刀刃更快。如果以耗損了的砥石來研磨刀刃，刀刃也會被研磨成與砥石相同的凹凸不平。因此，隨時保持砥石的面為平面，也很重要。

整平砥石面專用的多氣孔水平君。

用來整平砥面的工具，有專用的整石。此外，使用粗磨石的GC砥石或鑽石砥石，也是一種方法。

其中最便宜的，是使用輕量磚頭來替代。可以一邊沖大量的水，一邊摩擦砥石來整平。這方法用來整平較柔軟的中間石，在實用範圍非常有效果，但如果用磚頭來整平細磨石，將會在砥石表面留下很大的刮痕。為了消去這刮痕，還需要再進行額外的整平作業，因此，關於細磨石的整平，如果要用便宜的工具，GC砥石相對上較不會留下刮痕。

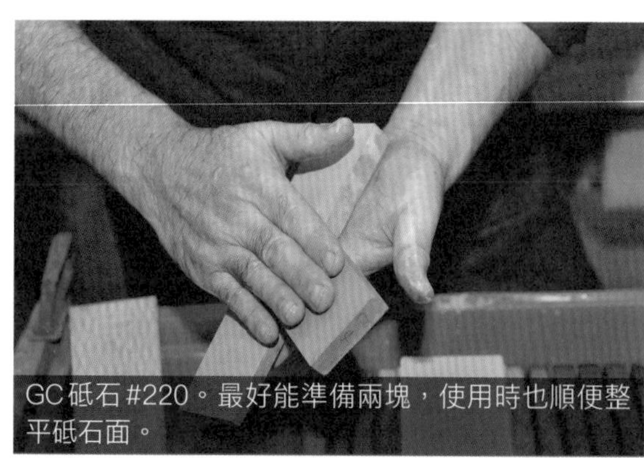

GC砥石#220。最好能準備兩塊，使用時也順便整平砥石面。

而GC砥石本身也會耗損，通常會事先準備兩塊，互相研磨來進行整平。

此外，研磨頻率較高的人，建議可使用名為ATOMA的鑽石砥石貼在鋁製底台上，來進行整平作業。原本是用來研磨刀刃用的砥石，但用來整平中間石與細磨石，評價也很好。當砥石的研磨力變差時，只要購買專用的替換磨刀片，

整平砥面的步驟

習慣研磨的人，對砥石的減損會很敏感；但還不習慣的人，則很難察覺砥石逐漸減損。

為了隨時注意砥石面的狀態，一開始先用尺放在砥石上，來確認減損的狀態。考量實用程度的研磨，便宜的不鏽鋼尺就足夠了。

如果有減損，先用鉛筆畫上線，進行整平直到線消失為止。

①將尺放在砥石表面，並左右揮動尺。如果尺會以砥石的前端為支點而轉動，代表砥石有凹陷。如果尺是以砥石的中心轉動，則沒有凹陷。

②如果有縫隙要馬上進行整平。用鉛筆在砥石上畫下直線以及兩條對角線，共三條線。

③在整面砥石上用整平用的整石互相摩擦。如果用畫圓般的磨擦方式，砥石也會變圓，需特別注意。

④正中間還留有鉛筆線，代表還有凹陷，在這條線消失之前，要繼續摩擦下去。硬度較高的砥石較難修整，必須盡早整平。

使用磚頭來整平細磨石後的痕跡。因為會留下深刻傷痕，要消去會很辛苦。

重新貼上就可使用，在經濟層面相當優惠。只不過，替換磨刀片用的雙面膠只貼在三處，如果要做為整平砥面的目的來使用，最好能夠在沒有貼上的部分也貼上雙面膠，盡量下工夫，避免產生凹凸不平。

關於整平砥石面的原則，雖然已說明了不少，最重要的是，隨時抱持著「研磨了刀刃之後，砥石面是會逐漸凹陷的」的認知，盡快做處理。

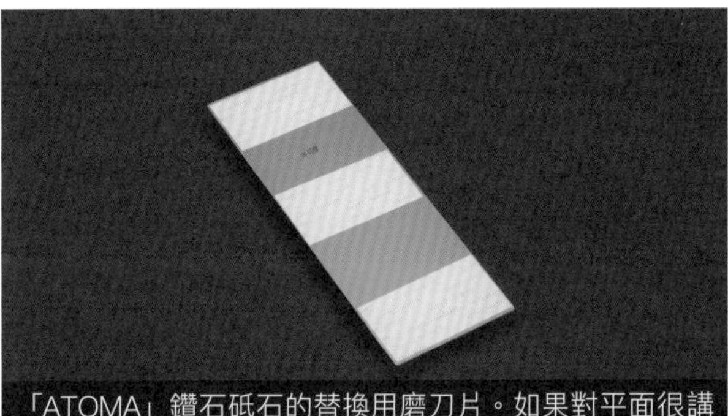

「ATOMA」鑽石砥石的替換用磨刀片。如果對平面很講究，沒有貼到雙面膠的部分，也要自己貼上。

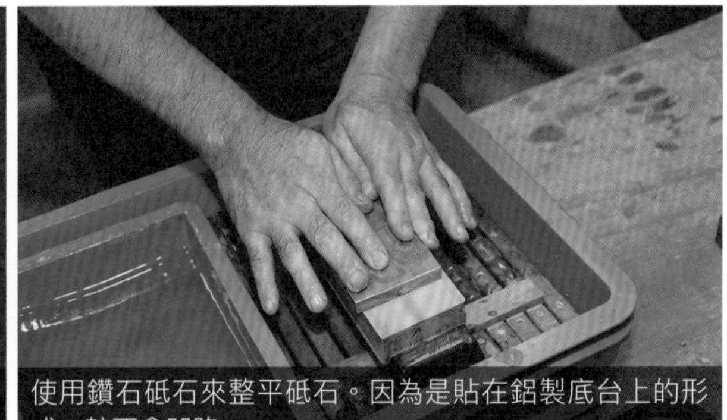

使用鑽石砥石來整平砥石。因為是貼在鋁製底台上的形式，較不會凹陷。

鑿刀的鋼面。鑿刀由刀肩以下整體都會發光。這個部分是會接觸砥石的部分。

刀片的鋼面。由中央往下的部分是用鋼來鍛接的，這個部分只讓周圍接觸到砥石。

研磨的基本步驟

刀刃基本為單刃*

木作手工具中所使用的刀刃，無論是鑿刀、鉋刀、小刀等，基本上都是單刃，因此，記住單刃刀共通的研磨方法，是為了能熟練使用木作手工具的研磨基礎。

偶爾會看到左右兩側都有刀刃的雙刃小刀，即使在作業上看似很方便，但研磨的難度很高，倒不如準備兩把左右各有單刃的小刀比較好。

首先由研磨鋼面開始

日本木作手工具中的單刃類刀刃，是將鋼與軟鐵鍛接打造而成的。上面兩張照片中，是鉋刀與鑿刀的鋼面。可以看到鉋刀由正中央往下，鑿刀則是由刀肩往下的四周，呈現會發光的狀態。這個部分是被稱為鋼面的基準面。小刀與鑿刀的鋼面也被用來當基準面使用，所以，無論新品或是鋼面磨耗的刀刃，都由此面開始進行研磨。

如果不熟悉木作手工具，

以白蠟填平砥石的顆粒，填平的部分由不需要磨的刀鋒開始研磨。

刀片的斷面

單刃的刀刃，切削處是由鋼與軟鐵鍛接打造而成。鋼非常堅硬，會影響到銳利程度，主要就是這部分的研磨。斜刃面、有貼鋼的鋼面都不可以磨圓。

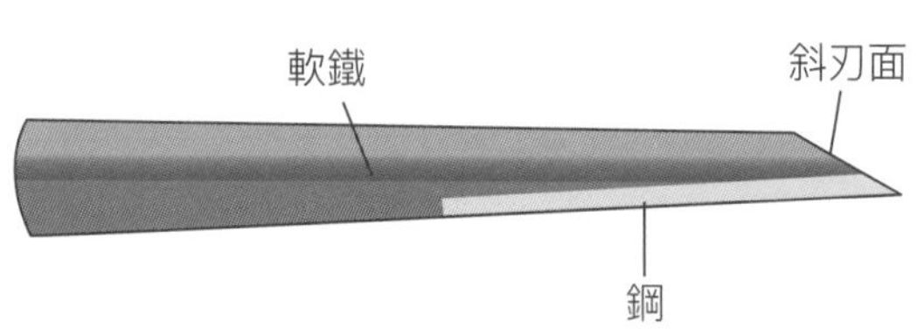

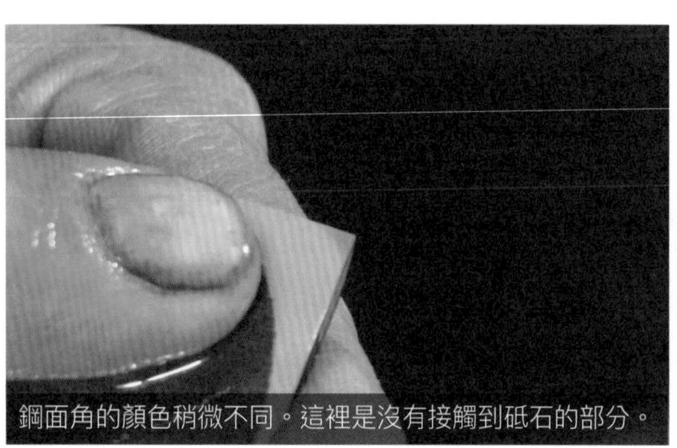
鋼面角的顏色稍微不同。這裡是沒有接觸到砥石的部分。

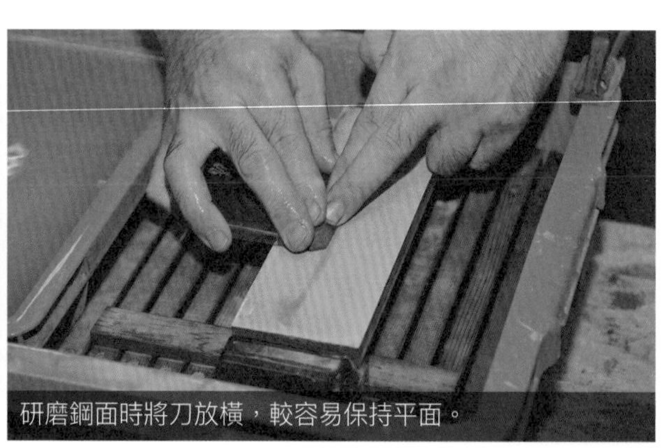
研磨鋼面時將刀放橫，較容易保持平面。

*譯註：指僅有單面為斜刃面

應該對為什麼鋼面的中心會是凹陷狀態，感到很不可思議。這個面是用來削去木材的硬鋼部分。

進行過淬火（譯註：將鋼由高溫快速冷卻的作業，讓鋼變得更堅硬）的鋼非常堅硬，要將這面精確地磨成平面，需要相當的勞力與高度技術。

因此，打鐵舖會在進行淬火前削去刀刃的中心部分，讓刀刃變成只有周圍可以磨平的狀態。

研磨鋼面時要先理解這件事，用久了之後，要留意為了讓此內凹能留下，要將刀鋒前端那一側磨低一點。

前頁右上照片將刀片排在一起做比較，可看出左邊的刀片接觸砥石的面積較大。這種狀態稱為「葫蘆鋼面」，鉋刀鋼面的微妙彎曲、以及內凹的凹陷都不見了，變成「平坦鋼面」的狀態。一旦如此，要維持平面就很困難了。

為防止成為平坦鋼面，最重要的是不需要磨的部分就不要研磨。舉例來說，在不需要研磨的部位貼上保護膠帶等，或是填平砥石的粗粒等，請記住這幾個不要研磨到該部位的方法。

無論是哪種方法，都需要充分理解刀刃的構造，仔細分辨鋼面會接觸以及不接觸的部分，不要將刀刃研磨過頭，仔細觀察後再進行研磨。46頁有使用金盤來研磨鉋刀鋼面的工程，請做參考。

維持適當的角度

要維持刀鋒的角度，使用刀鋒角度治具是非常方便的。因為只靠自己的自信去研磨，是無法磨成適當角度的。使用刀鋒角度治具，對於逐漸修正為適當的角度很有幫助（參考24頁）。

要維持角度的重點，在於要盡量控制住刀鋒這件事。在還不習慣時，會在不知不覺間，因為刀片的重量或軟鐵的影響，使刀鋒角度變小，而變成了很容易缺損、容易產生磨耗的刀鋒。

針對鉋刀、鑿刀、或小刀等不同工具，刀鋒角度都有其最適合的角度，但也有根據切削材料，而改變最佳刀鋒角度的情況。舉例來說，要用鉋刀刨削硬木的時候，刀刃角度要磨大到35°左右；相反地，柔軟的木材則要磨成約27°。但是即使像針葉樹這種較軟的木材，節點還是很硬的，所以有節點的木材要將刀刃磨到29°左右，才能包括節點在內，都削成具有光澤的材料。

將刀鋒磨薄雖然看似變銳利了，但削硬木時會立刻產生缺損，因此，要磨出配合硬度的刀鋒角度才行。

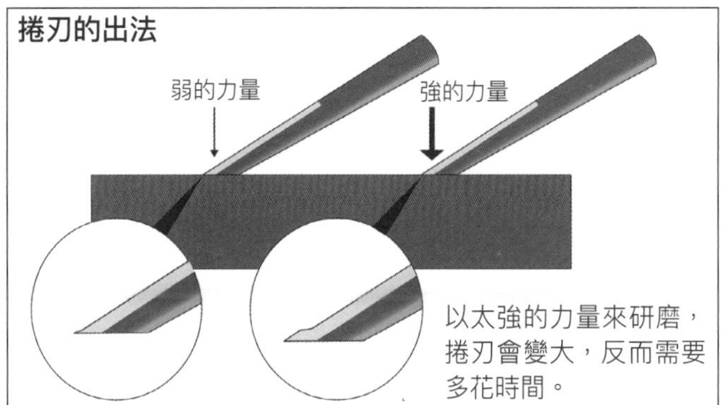

中間石研磨程序要注意捲刃量

以中間石研磨，是刀刃開始變不銳利時會進行的工程。新的刀刃也要從此工程開始研磨。磨耗的刀刃可用中間石來研磨，恢復刀鋒的銳利，藉著磨出斜刃面形狀的作業，要一直研磨到產生捲刃為止。如果刀鋒已經有缺角，就要由前一個步驟的粗磨工程開始進行。

該注意的一點是，若想要快點研磨完成，而在不知不覺間施加太多力量，會產生太大的捲刃。這樣一來，將會在接下來細磨石研磨上，花很多時間去除捲刃，刀刃會受到過厚捲刃的影響，而很難磨尖銳。這也是造成杉樹的白太（譯註：杉樹樹幹外圍色白且較軟的部分）等無法刨出光澤的原因。

用中間石研磨時，注意不要施加過大的力氣來研磨，應該讓整片刀鋒都出現些許捲刃，這樣比較容易磨成銳利的刀刃，細磨的時間也可能縮短些。

中間石基本上要使用＃1000。使用SHAPTON的黑幕來研磨鉋刀時，＃2000還不

研磨的時候盡量於刀鋒側施力，這樣就可以維持斜刃面為平面。

錯。研磨方式是將砥石直放，無論是將刀刃以橫、直、或斜放哪個方向來研磨，都可以磨成銳利的刀刃。

基本的研磨是斜向研磨。這是因為對著砥石，將刀刃以削去方向做移動的直向研磨，接觸砥石的面很小，不習慣的人，前後來回移動時會不穩，而容易讓斜刃面被磨圓。基本上，斜磨因為將刀刃放斜，就會有像斜刃面寬度加寬相同的效果，可以減少不穩定而增加安定感。

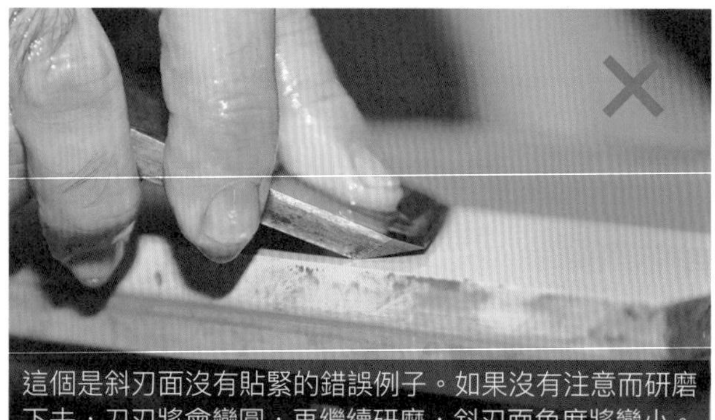

這個是斜刃面沒有貼緊的錯誤例子。如果沒有注意而研磨下去，刀刃將會變圓，再繼續研磨，斜刃面角度將變小。

橫向研磨是與直向研磨為對照，將刀刃以90°角來對著砥石進行研磨，因此，刀片或刀幅大的鑿刀，與移動方向的接觸面也會變長，可以避免不穩定而將斜刃面給磨平。只不過這個研磨方法，是精通斜向研磨並且可以將斜刃面磨直的人，才能採用的研磨法。

此外，像一分鑿等刀幅較小的鑿刀，以斜向放在磨刀上研磨，將無法安定，要直向放在砥石上來研磨。

基本的研磨，只要短距離的來回移動研磨，即可避免不穩定，以安定的角度來研磨。如果不穩定而缺乏安定感，斜刃面將會變圓形，刀鋒就無法接觸到砥石。為避免此情形發生，要採用短距離來回方式。

對著砥石採橫向的研磨方法。斜刃面可長時間來回移動方向，可安定地研磨。

以中間石進行研磨時，對砥石平面的整平，即使是在研磨的途中，在還不習慣時，也要盡早地進行整平。如果不整平，隨著研磨時間加長，砥石面將會凹陷，斜刃面也會因此容易磨損。一旦變成這種狀況，接下來進行細磨時，刀刃將會與

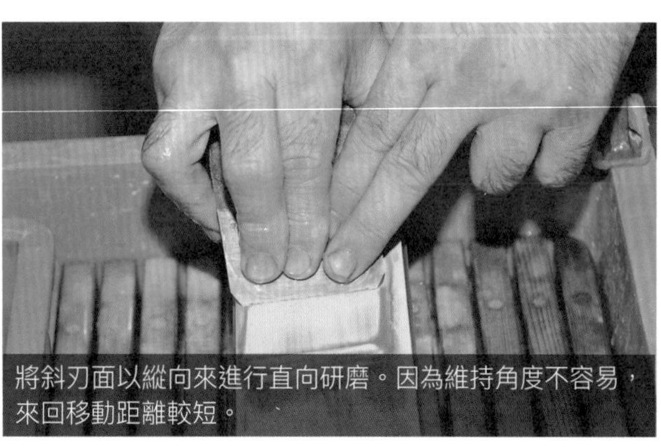

將斜刃面以縱向來進行直向研磨。因為維持角度不容易，來回移動距離較短。

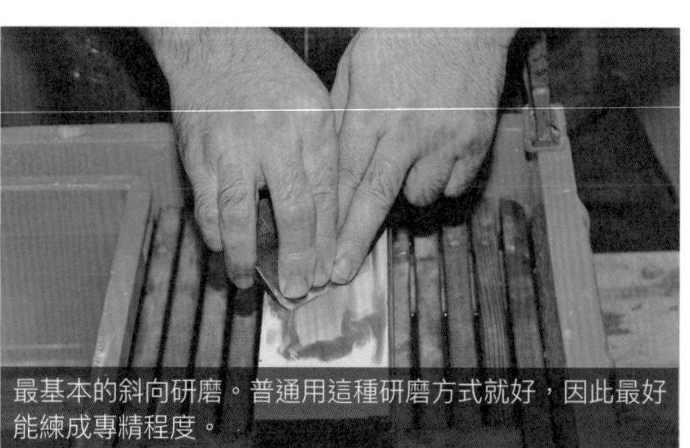

最基本的斜向研磨。普通用這種研磨方式就好，因此最好能練成專精程度。

砥石表面無法吻合，就無法磨出由左至右都很銳利的刀鋒了。

此外，採移動距離短的研磨，在砥石整個表面逐漸移動的方式來使用砥石，將可降低需整平的頻率，讓整體的研磨時間可以縮短。

細磨

所謂細磨，是要將中磨時形成的捲刃磨去、將刀鋒磨利，並且磨去整體傷痕的作業。要使用#6000至#10000左右的細磨石。

磨去捲刃的方法，要從鋼面開始研磨，先去除一次彎捲處。接著，將鉋刀刀片翻至鋼背研磨斜刃面，交互並且充分研磨鋼面與斜刃面，來磨出銳利的刀鋒。

此外，在用中間石研磨時，如果能夠磨出細微的捲刃，只用細磨石由斜刃面仔細地研磨，就可以去除捲刃，也有可能這樣就能磨出銳利的刀鋒。要磨至銳利到可以削去皮膚上的細毛為止。

研磨刀刃是需要習慣的，請充分理解為什麼要這樣做，並記住基本的研磨方法。研磨能夠

捲刃要用手指碰觸來做確認。比起大拇指，用皮膚較薄的無名指，較容易感覺到捲刃。

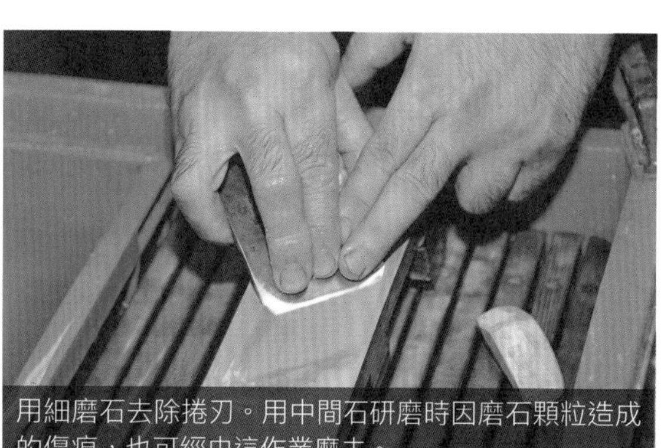

用細磨石去除捲刃。用中間石研磨時因磨石顆粒造成的傷痕，也可經由這作業磨去。

不浪費地使用砥石

人造砥石不像天然砥石一般高價，但即使如此，也不希望浪費價值數千日圓的人造砥石。不過，如果砥石變得太薄時，將會彎曲或容易裂開。

因此，在此要介紹能不浪費地使用變薄砥石的點子。

有關整平砥面的工具，之前介紹過「ATOMA」的鑽石砥石，在這小節，則要使用其基底的鋁製砥石底台。鋁製砥石底台也有單獨販賣，只要買一個就可以讓砥石壽命延長。

在貼上砥石之前，先以砂紙研磨鋁製底台的接著面，增加接著力。接著，在鋁製底台上塗上接著劑，貼上變薄的砥石，只要進行這個步驟，就可以繼續活用已經變得相當薄的砥石。

在砥石完全被磨光之前，也可繼續於上層貼上其他變薄的砥石，或貼上新的砥石來做使用。若是這種情況，在與第一個貼上的砥石之間的接著面露出之前，是可以繼續研磨的範圍。人造樹脂接著劑一旦露出來，將會產生卡住的感覺而無法研磨，磨到這種程度，就要貼上新的砥石。

在ATOMA的鋁製砥石底台貼上變薄的砥石。在外表上，也讓人覺得安定感增加了。

以細磨石進行研磨時，會滑、也會卡住。尤其是用很硬的砥石時，會特別明顯。

進步，就能讓技術跟著進步，因此也能夠做出高度的作品。

名倉砥石的活用法

讓砥石更好用的修正砥石

砥石會因為與刀刃的適合度、或砥石本身的性質，而有很難研磨的時候。這種時候只要與名倉砥石一起併用，對解決研磨難度非常有效。

名倉砥石用來摩擦砥石表面，即使體積很小，也能夠發揮功用。即使是天然的名倉砥石，也可用實惠的價格購入，擁有一個會非常方便。

以名倉砥石來摩擦砥石，磨至充分出漿。這樣一來，就可以減少打滑或卡住的感覺。

對使用細砥石時遇到卡住、滑掉、顆粒堵住、或因太硬而很難研磨等時，也很有效果。不過，如果是柔軟的天然砥石就不需要了。

使用方法是在開始研磨之前或途中，以名倉砥石摩擦砥石，在砥石上的水中磨出名倉的顆粒。磨出之後再繼續研磨，顆粒就會扮演滾輪角色，去除顆粒間的阻塞物。效果應該會非常明顯，能夠很清楚感覺到變化才對。無論是人造砥石或很硬的天然砥石，都可以使用，請務必嘗試一次。

使用名倉砥石的訣竅

以名倉砥石摩擦砥石的表面，名倉砥石也會逐漸被磨平，兩個面都變成平面而緊密附著，會因此無法順利滑動，或相反地會感覺到飄浮著滑動。變成這種狀態，就要使用鑽石砥石的角在名倉砥石上畫幾道溝。

雖然也要考慮名倉砥石的大小，但只要畫下橫向與縱向的幾道溝，就可以大幅改善滑動狀況。

如果使用鐵釘等來挖鑿，會在溝的周圍產生裂痕，碎片會掉下而劃傷刀刃，所以並不推薦。

①以名倉砥石摩擦砥石表面時，因緊密附著而無法移動。
②緊密附著至可以將砥石提起的程度，使用上非常困難。
③使用鑽石砥石的角，在名倉砥石上畫幾道溝。
⑤要畫下直向與橫向的幾道溝就可以順利滑動。

鉋刀的整理與研磨

整理平鉋

（註）日本的尺寸換算和台灣尺寸換算成公制規格不同，寸八（日）=70mm=二寸四（台）；寸六（日）=65mm=二寸二（台）；寸四（日）=60mm=二寸（台）。

「彩華」寸八（山本鉋製作所）

若想要提升今後的技巧，第一把鉋刀，建議購買於打鐵舖鍛打出的刀片，由專業鉋台職人製作給專業木作職人使用的鉋刀。低價位的產品，會有些製作不精準的部分。而具有某種水準以上的作品，各部分都會掌握重點來製作。寸八是木匠在做修整時最常使用的尺寸。至於刨削硬木以及業餘木匠，使用寸六會較方便。

平鉋的整理

做為用來刨削木材的工具，最具代表性的可說是鉋刀。其中，用來將木材表面削平的手工具「平鉋」，說是木工裡基本中的最基本也不為過。雖是如此，即使是基本工具，要能夠真正學會使用平鉋，必須先習得很多技巧。

譬如鉋台、刀片、壓鐵這些零件，都各自需要細微調整這一點。

因為是用來刨削的工具，當用鉋刀來刨削木材表面，若能夠沒有太多阻力平整地刨削，會以「銳利」來做形容。因為是用從鉋台伸出的刀刃來刨削木材，由刃口伸出的刀刃必須為平行，並且為了削出僅有數微米厚度的薄屑，其誤差也被要求必須少於微米。要整理出高準度的平鉋，當然需要用到各式各樣的工具。

但一旦開始這樣想，就會感覺難度愈來愈高，所以，應該先思考自己想製作的物品所需要的精細度為何。首先，能夠整理出符合該程度的平鉋就足夠了。只要能掌握住幾項基本原則，鉋刀就會夠用，並且是使用起來很有趣的手工具。

關於整理鉋刀的基本想法及步驟，在本書會以做為工具來使用的目的來做介紹。關於整理鉋刀所需要的工具與步驟，會介紹幾種不同手法，請對照自己對鉋刀要求的刨削程度、或是能夠收集到的整理工具，整理出適合自己的鉋刀。

關於用來整理的鉋刀

這次用來整理所使用的鉋刀，是出自播州三木的鉋刀專門店——三本鉋製作所的「彩華」寸八。

一般於打鐵舖打造、價值數萬元以上的鉋刀，其刃口都是採用「包口」式樣。

要刨削較長的材料時，就算沒有此「包口」，也不會有太大影響，也有人一開始就用木鑿刀把它拿掉。

不過包口也有其優點，在此就「包口」的整理做說明。

同樣是刨削木材，根據要刨削的是軟質材料、或是硬質材料，整理方法就會跟著改變。此外，要用來粗刨還是細刨，

圖一　鉋刀的各部位名稱

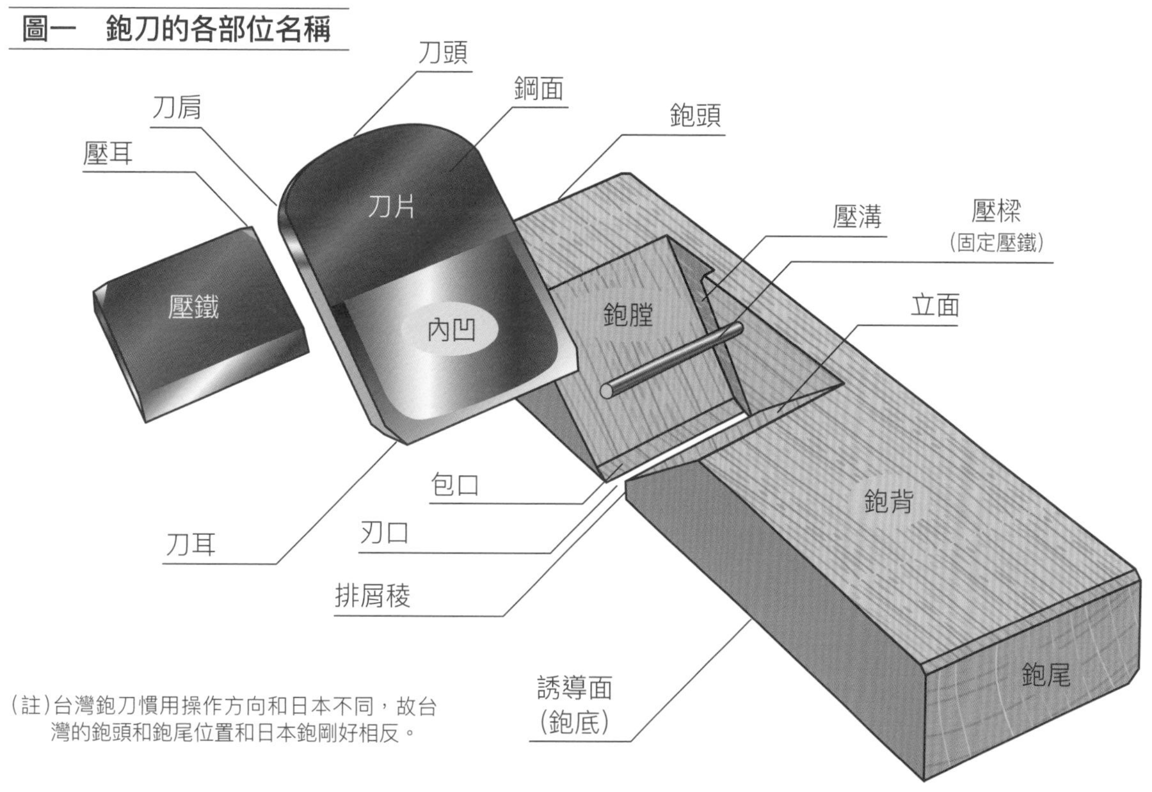

(註)台灣鉋刀慣用操作方向和日本不同，故台灣的鉋頭和鉋尾位置和日本鉋剛好相反。

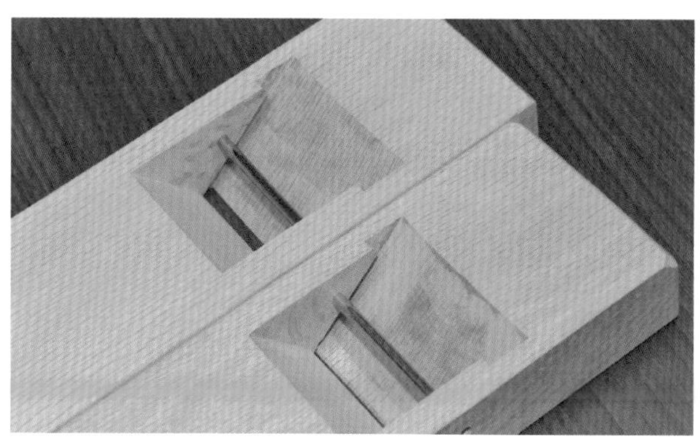

由鉋台的鉋背端將刀刃取出後的狀態。由鉋膛至誘導面的刃口的角度都很淺，所以整理困難。

左圖是沒有「包口」的刃口，右圖即為「包口」。考慮到整理的難易度，沒有「包口」的較容易整理。

也會有不同。但最近電動工具大有發展，或許可以把鉋刀的角色想成是細刨專用。

因為鉋刀是使用木頭製作的鉋台，有必要將鉋台會動（會產生變形）這件事當做常識。還有，使用後也會產生消耗，譬如刀片的研磨耗損、誘導面的消耗等，也要事先有概念才行。

正因為是這樣的手工具，就算有些標示「可立即使用」，但購買之後，真的一生都能以同樣狀態使用嗎？各位讀者應該也可認同鉋刀並非此種性質的工具吧。

因此，無論所購買的是何種鉋刀，都一定有調整的必要，不如一開始先購買一把有一定水準的鉋刀，一邊記住整理方法，一邊持續用慣它，才是熟悉鉋刀的捷徑。

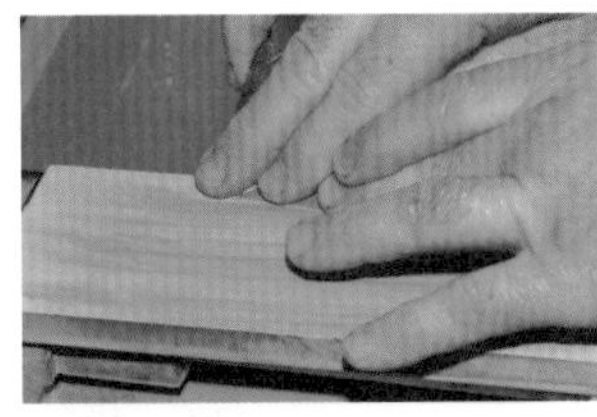

研磨壓鐵的斜刃面。

磨出壓鐵的第二斜刃面。

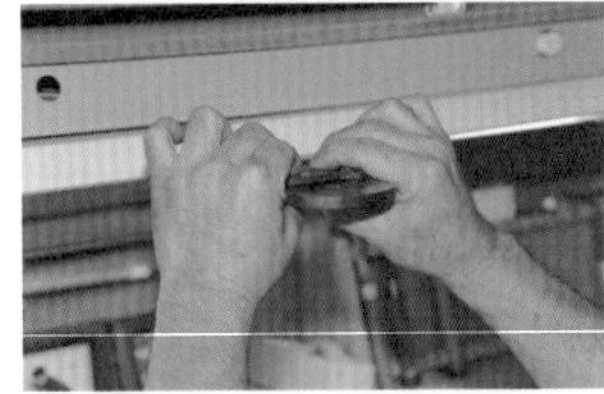

確認刀刃與壓鐵之整密性。

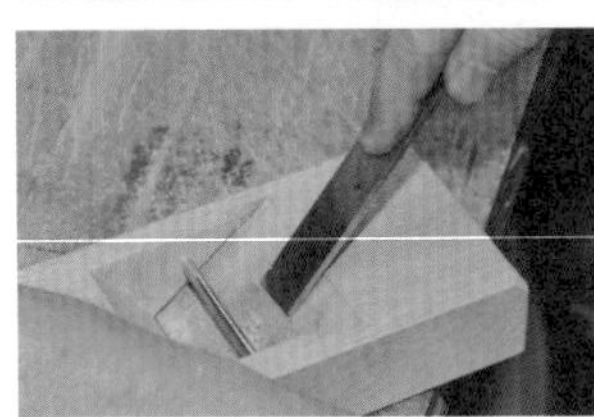

整理鉋台、調整鉋膛、刀刃的整理和硬度調整。

調整刃口、排屑稜。

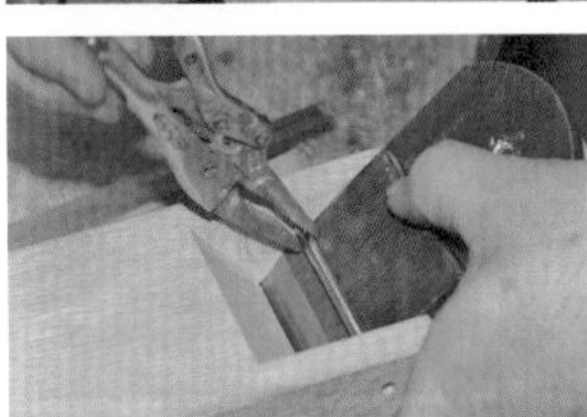

調整壓樑與刀片、壓鐵。

調整鉋台的誘導面。

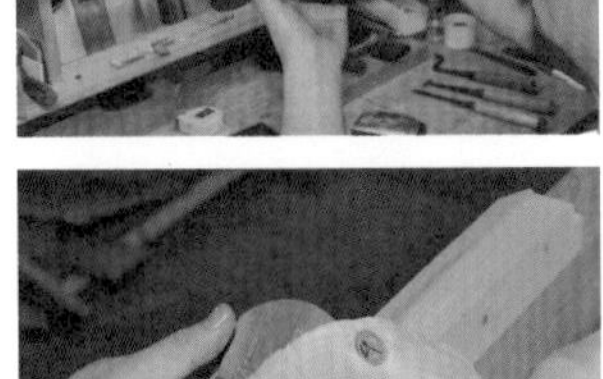

試刨與保養。

取出刀片。

確認鉋台的習性（緊度）與壓溝。

刀片與壓鐵的初步調整、壓耳的初步調整

修整刀耳。

打出鋼面。

研磨鋼面。

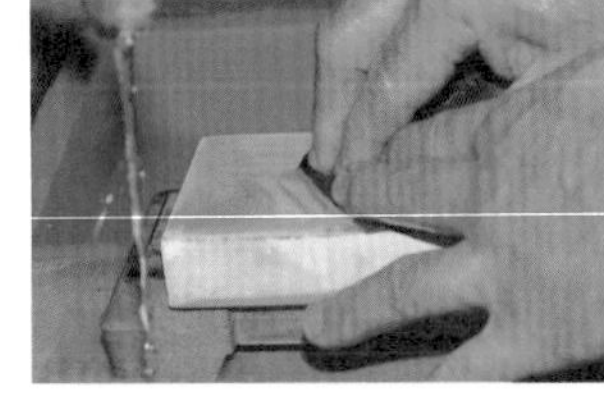

研磨刀背斜面。

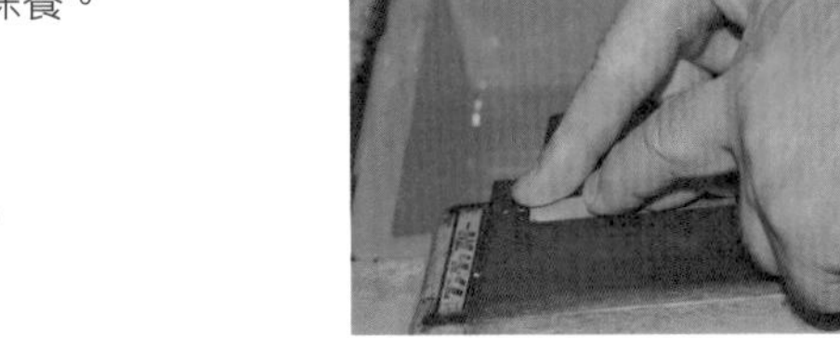

壓鐵的鋼面研磨與打出鋼面。

首先必須做的事

了解鉋刀的狀態

接下來，要說明關於整理鉋刀的步驟。

就如同最初說明過的，平鉋是將木頭削平為目的的手工具。將刀片裝在配合刀片寬度的鉋台上，目前日本市面上販賣的有寸四、寸六、寸八、二寸等尺寸。

寸八做為鉋刀代表性的尺寸，使用得最普遍，這裡舉的例子也是寸八鉋刀。但平鉋不論尺寸大小，都可以用同樣方法來整理。

要整理鉋刀時，首先，最重要的是要先了解該鉋刀的狀態。就算是新買的鉋刀，究竟是在店裡擺放了很長時間，或是剛製作完成，鉋台的狀況就有可能因此不同。

例如鉋台的鉋膛部分，是被挖鑿成一個很大的開口，剛挖鑿完的鉋台不會有太大的變形。但隨著時間的經過，這個部分會逐漸乾燥，左右兩邊的寬度有可能因此變窄。

這樣一來，原本刀片可以靠壓溝與鉋膛來做調整，會變成僅受到壓溝寬度方向的束縛。如果沒注意到這件事情而刨削鉋膛，將導致刀片永遠沒有辦法放到對的位置。若是因此才注意到壓溝的寬度太緊，而將該部分刨削掉時，就會演變成鉋膛已經失去作用的事態發生。

假設一開始就發生這樣的失敗，還是有修正的方法（參考73頁）。不過難得購入了新的鉋刀，仍是希望一邊確認著鉋刀的狀態，將能成功地整理這工具當做目標。

1.
當刀片靠到鉋膛時，會以該處為支點左右轉動。這種狀態下，即使刀片在誘導面呈現歪斜凸出的「單出」，只要敲打刃肩就可以修正。

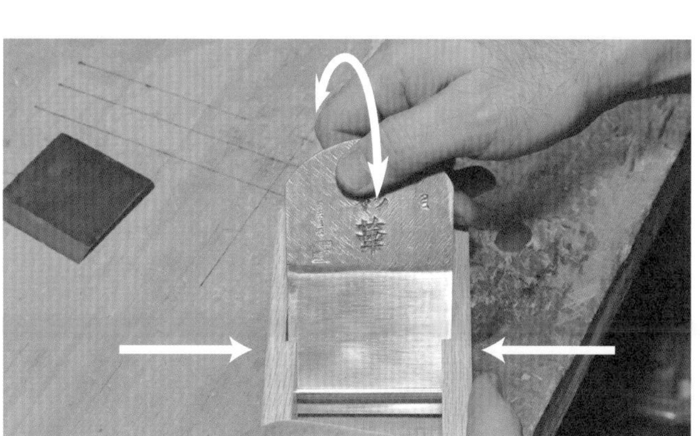

2.
如果壓溝處太緊，因為是從左右方向被固定住，刃身會以該處為支點前後移動。

3.
由壓溝的入口處看是否可透光，應該可由縫隙中看見些許光線。有這種程度的空隙是最好的。

壓溝的調整

若壓溝的寬度方向太過緊密，就必須將溝的底部用鑿刀慢慢削去，但在此之前，需先確認刃口寬度與刀片的刀鋒寬度。

如照片4，即使刀鋒寬度只比刃口寬上一些，若勉強想要刀片出刀，箭頭部分就會順著木紋裂開。因此，要使用木鑿削去溝的底部。若是包口的刃口很小，需要使用五厘（1.5mm）或是一分（3mm）的鑿刀。若是沒有五厘鑿，就要使用鋸子慢慢將包口加大至可放入一分鑿為止。此外，若能取下包口，則一分至兩分寬的木鑿都可以用來刨削。

左右要削去同樣的量，但一次不要削去太多，試著放進刀片，確認溝與刀片左右的間隙來進行。

4.
比較刀鋒寬度與刃口寬度。若是在刀片寬度比較寬的狀態下勉強將刀片敲打進去，鉋台有裂開的危險。

5.
要削去溝的底部時，若是有五厘鑿會很方便。

6.
不要一次削去太多，削去一點後，先放進刀片確認空隙。慎重地進行，是減少失敗的關鍵。

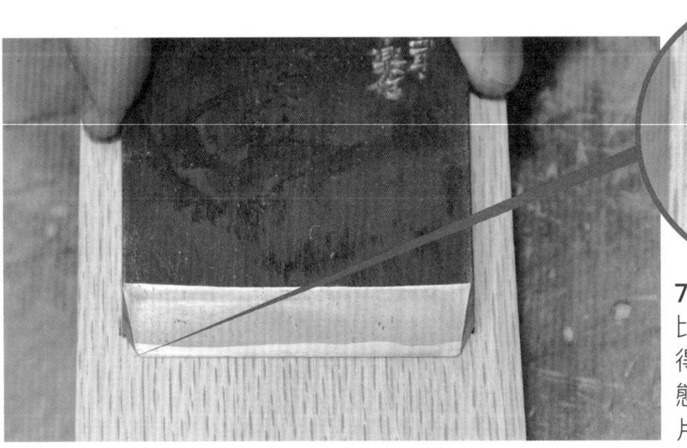

7.
比起刀鋒的寬度，溝的寬度變得稍寬一些的狀態。在這種狀態下放入刀片，就會如前頁照片3一樣可以看見透光。

刀片與壓鐵的初步調整

接下來，要進行刀片與壓鐵的初步調整。研磨之後，將刀片放進鉋台時也需要調整，在這個階段，要先確認刀片與壓鐵寬度的關係，並磨去刀耳。

刀片的有效刀寬如果會碰觸到壓溝，在刨削木材時，這個部分將無法排出刨屑，鉋刀就無法順利刨削。這時就要如照片8，讓刀片不要卡在壓槽上，將刀耳磨掉。此外，出刃時，要讓壓鐵的刃角呈現稍微凸出的狀態。

為了要磨到左右對稱，可用奇異筆做上記號。若使用畫線儀，就可以畫下寬度相同的線，會很方便。

磨去刀耳的作業，可使用研磨機來進行。如果沒有研磨機，就使用#220的粗砥石。

要維持角度很困難，所以請慎重地研磨。即使是研磨機，要維持角度也是一樣困難。因此，可像照片10一樣製作出可自在變換角度的木台，就能夠正確地作業。自己製作也很簡單。

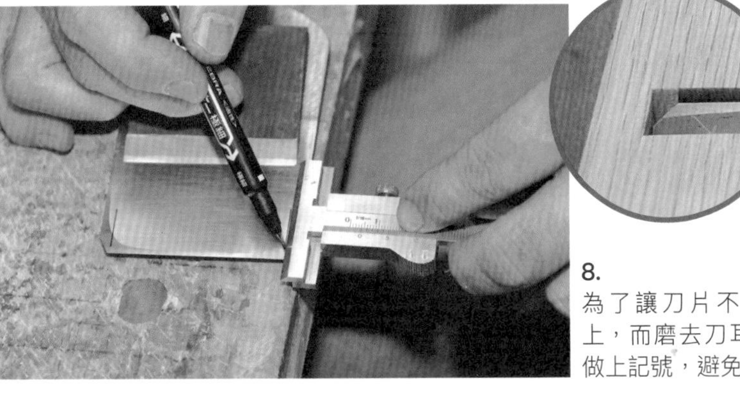

8.
為了讓刀片不要卡在壓溝上，而磨去刀耳。用奇異筆做上記號，避免磨過頭。

9.
整理刀片時，要磨到可以稍微由刀耳的部分看到壓鐵的角為止。這樣一來，也較容易確認壓鐵的狀態。

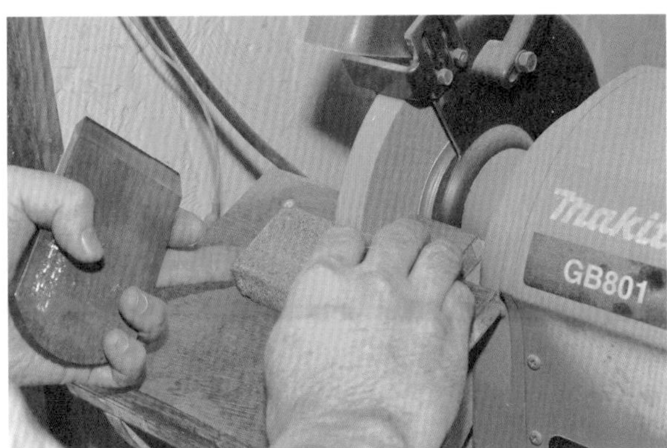

10.
研磨機的砥石面，如果因為削去刀片時留下的金屬粉而堵住，將會產生高溫，使用前，務必使用鑽石磚整石，以清除堵塞的狀態。

11.
用來磨去刀耳時很方便的木台。台面上畫有八字的線，只要沿著這個線去研磨，就可以左右對稱磨去刀耳。

12.
磨去的刀耳角度，可依照個人喜好。但左右削去的寬度要相同。

　研磨機的砥石表面只要使用一次，當時研磨下來的金屬粉就會堵塞。如果在這個狀態直接磨去刀耳，將會產生高溫，並在刀刃上產生傷痕。

　使用研磨機之前，務必先使用鑽石磚整石來清除砥石表面的顆粒阻塞。這樣一來，也可以整平砥石面（照片10）。

研磨鋼面及打出鋼面 了解刀片構造

　完成先前的程序後，接下來，就要進入刀片的研磨。在此之前，先針對刀片構造稍做說明。

　刀片被稱為單刃，是由柔軟的軟鐵與用來刨削的硬鋼鍛接製作而成。

　有貼鋼的那面要磨為平面，斜刃面則基本上不改變角度來做研磨。

　貼鋼的部分並非整體都是平面，中心部分會磨掉成凹狀。這裡被稱為「內凹」，這個部分不會碰觸到砥石，研磨時可大幅減輕抵抗力，也較容易維持平面。

　實際上，接觸到砥石的是被稱為「糸裏」的面，這裡有必要整體都與砥石緊密接觸。首先，為了做出正確的平面，要進行稱做「研磨鋼面」的作業。

圖2.刀片與壓鐵的名稱

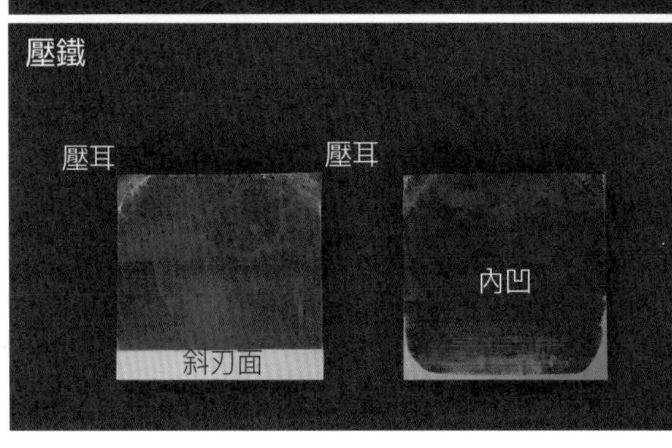

刀片的研磨鋼面

　要研磨刀片的鋼面，過去普遍的做法是使用金盤與金鋼砂。但隨著精度很高的燒結式鑽石砥石的出現，使用它來研磨鋼面的人也逐漸增加。比起使用金盤與金鋼砂來磨鋼面，作業效率會提高，但缺點是比起金盤價格來得高。

　此作業的目的是要將糸裏部分磨成平面，因此使用哪種方法都可以，但因為研磨方法仍有些微不同，在這裡要分別介紹用燒結式鑽石砥石、以及用金盤與金鋼砂兩種研磨鋼面的方式。

使用鑽石砥石來研磨鋼面

　研磨刀片時，一般會由顆粒較粗的砥石開始，再循序使用顆粒較細的砥石來完成研磨。研磨鋼面時也是一樣，由鑽石砥石的中間石開始研磨，如果想要更有效率，就按照#600→#800→#1000的順序，提高砥石的顆粒數字（即細緻度）最為理想。

　不過，鑽石砥石是很貴

的。如果只想用一塊磨刀石來完成，就用＃1000。接下來，應該要用＃3000燒結鑽石砥石來磨出光澤，如果沒有這塊石，就用普通的人造砥石來代替。

研磨鋼面時必須注意的是，不要研磨照片13的箭頭部分。這個部分一旦研磨耗損了，內凹部分會漸漸變小，就會逐漸變成被稱為「平坦鋼面」的狀態。因此研磨前，要先在砥石的木頭邊緣1㎝左右的寬度上，縱向塗上白蠟，先將砥石的顆粒堵住，避免磨掉不該磨的地方。

燒結系鑽石砥石不會吸水，因此不需要事先將砥石浸泡在水裡。只要研磨時潑上水，就可以開始研磨。

研磨之前要用名倉砥石先磨過，目的是為了清除砥石顆粒的阻塞，而且名倉砥石出的漿本身也有促進研磨的效果。請將它想成「有了會比較方便」的工具。如果沒有，就用相同顆粒度的砥石來清理，或是直接就開始研磨鋼面。

13.
研磨鋼面時，要下工夫避免磨掉需要研磨的部位。

14.
白蠟原本是要增加拉門等潤滑度時使用。比普通的蠟要來得硬，可有效避免砥石的顆粒堵住。比起天然的高價商品，便宜的在硬度上更適合。

15.
用名倉砥石磨過。如果沒有，就直接開始研磨。能感受先使用過名倉砥石、與沒有使用的差異，也是很重要的。最初先不要使用名倉砥石開始研磨也可以。

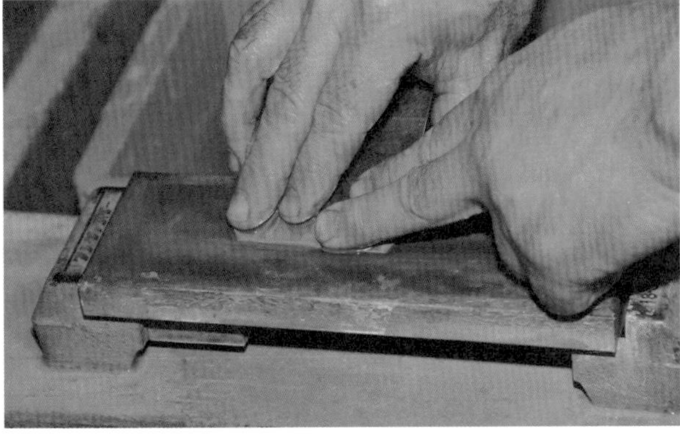

16.
讓鋼面緊密貼緊砥石，不要用太多力量去研磨。這樣的研磨動作不會滑掉，可以安定地研磨。

研磨鋼面的目的，是要將鋼面磨成平面，但與其磨掉超過需要的量、讓鋼減少，不如研磨一下後先確認刀片的狀態，掌握住沒有碰觸到砥石的部分。

照片17中可以看到，要磨掉刀耳時用奇異筆做的記號還殘留在刀鋒上。這裡就是沒有接觸到砥石的部分，但是如果將其研磨到能夠緊密碰觸到的狀態，效率會很差，鋼面也會因此提早崩壞，刀片減少的量也會超過必要研磨掉的量。

因此，接下來要進行的就是「打出鋼面」。打出鋼面是以鐵鎚由鋼面敲打刀片，將碰觸不到砥石的部分給敲打出來的作業。

原本，這是隨著研磨過程，刀刃的糸裏會逐漸消失，變成「沒有鋼面」的狀態時所進行的作業，為了避免刀片的消耗，要使用這方法讓鋼面能碰觸到砥石。是總有一天需要使用到的技術。

無論是研磨鋼面或打出鋼面，都不要期待一次就整理好，要慢慢確認狀態來進行。這樣可以充分了解刀片的狀態，不會浪費過多時間在敲打上，能夠知道接下來該進行的步驟為何。

17.
首先，先研磨10次看看，確認刀片的狀態。培養出能夠馬上分辨出哪些部位沒有接觸過砥石的能力，也很重要。

18.
沒有碰觸過砥石的鋼面部分，以鐵鎚「打出鋼面」。一定要使用可讓表面變圓的鐵砧。新品只要輕輕敲打，就會變得容易接觸到砥石。必須非常小心，不要讓刀片缺角。

19.
繼續研磨鋼面，再觀察沒有接觸到砥石的地方。可以看出左側的刀鋒角，還有些許部分沒有辦法接觸。

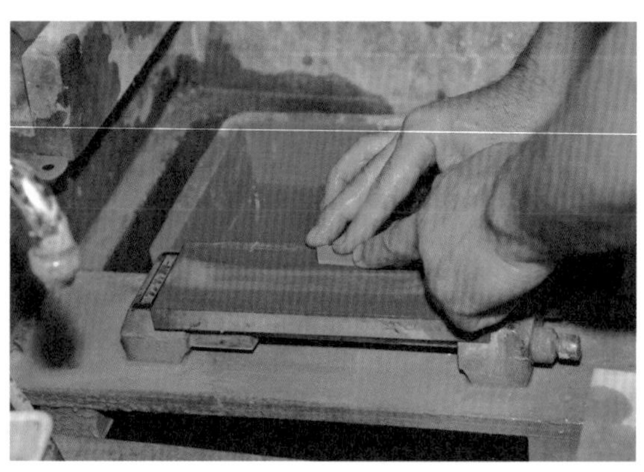

20.
確認整體都接觸到了砥石之後，開始提高砥石的號碼。這裡是使用燒結式鑽石砥石的＃1000。如果只有＃1000砥石，從一開始就使用這個砥石。最後的細磨要使用＃8000至＃10000的砥石。無論使用哪個砥石，刀片接觸位置都相同。

糸裏整體都可以緊密碰觸到砥石之後，就提高砥石的號碼，磨去研磨時造成的傷痕。

如果是從＃600開始研磨，就使用＃1000為止的砥石來研磨鋼面，最後用人造＃8000至＃10000或天然砥石來細磨。

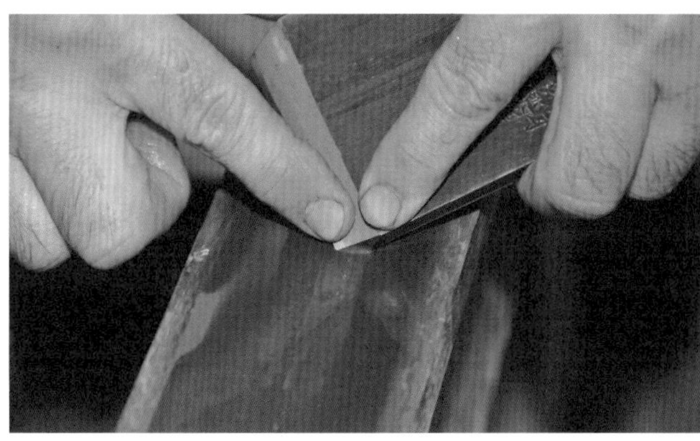

21.
在鉋耳的部分磨出斜邊。這裡有可能會切到手，所以磨掉來做預防，此外，也具有防止刀耳部分卡入鉋台的意義。如果卡太深，刀鋒會碰到排屑稜。

左圖是糸裏沒有完全接觸到砥石的刀片，左右的角是沒有接觸到的狀態。右圖是糸裏整體都接觸到砥石，已經完成研磨鋼面的刀片。可以很清楚看出兩者相當大的差異，即使只有些許部分沒有接觸到砥石，培養出能夠掌握狀況的眼力是很重要的。

打出鋼面的訣竅與重點

打出鋼面時要使用鐵砧與鐵鎚。專用的鐵砧，角是呈現凸狀的。敲擊處的正下方如果沒有接觸到鐵砧，刀片將會裂開。要使用沒有呈現凸狀的鐵砧時，先以銼刀削圓。

為了讓鐵鎚能敲擊在正確部位，前端為尖頭的鐵鎚使用上比較簡單。如果沒有鐵鎚，就用玄能鎚的角來敲打。

要從鋼面來做敲打，敲打的位置為刀鋒算起三分之一的部位，如果敲打比此處更靠近刀鋒的部位，則敲破的風險將會大幅提高。新品的刀片只要輕輕敲打，就可以打出鋼面。若是用久了變成沒有鋼面狀態，就要用力敲打更遠離刀鋒前端的部位。

此外，鐵鎚敲打時的揮舞幅度要小，可避免偏離想敲打的部位，好掌控位置，確實敲打。

①在鐵砧上貼上大約名片或明信片厚度的紙，可以減緩衝擊力。
②將食指靠在鐵砧上，當做敲打刀片的基準指引。
③用食指移動刀片來改變敲打的位置。
④隨時與刀鋒保持相同距離。
⑤要握住鐵鎚木柄靠前端處，小幅度地敲打。

使用金盤研磨鋼面

說到研磨鋼面，金盤與金鋼砂是最基本的工具。就像一開始提到的，燒結式鑽石砥石的性能很好，可以提高研磨鋼面的效率，因此注重高效率的人，也就是工作上會使用鉋刀的人，似乎較偏好使用燒結式鑽石砥石。然而，在無法購買數把不同砥石的業餘木工間，金盤還是相當有用的工具。

金鋼砂就是所謂C砥石（碳化矽）的粉末。雖然使用上沒什麼問題，但用GC（綠色碳化矽）的粉末，似乎比較不會刮傷鐵砧，只會留下淺的傷痕，可不影響研磨。

使用金盤的好處，是金盤本身沒有研磨力，可以不用磨掉多餘部位這一點。只要在想要研磨的部分放上些許的金鋼砂，不需將金盤整體沾濕，只灑下一滴水，就可以研磨到想研磨的正確位置。

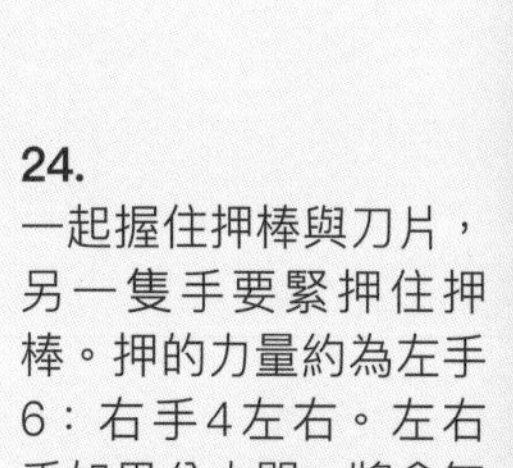

若是燒結式鑽石砥石，需要在不想研磨的部分塗上白臘，將砥石的顆粒給堵住；但若是金盤，只要在想研磨的部分上灑上金鋼沙來研磨即可。

單手將押棒與刀片一起握住，另一隻手握住押棒來做研磨。因此握住刀片的那一隻

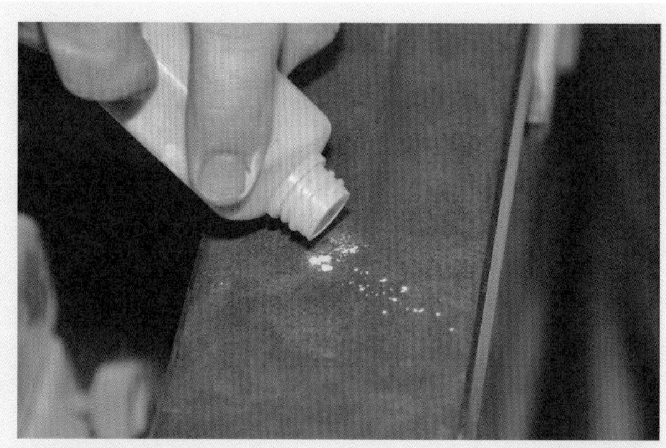

22.
在乾燥的金盤上放上金鋼砂（C或是GC）。量約挖耳杓一杓、或紅豆一顆大小程度就可以。

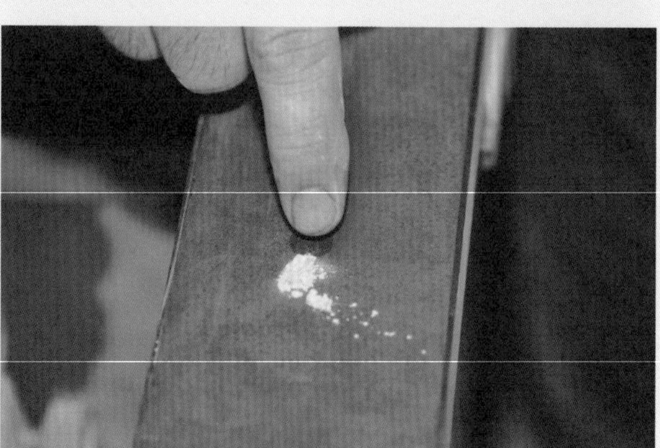

23.
以指尖沾水滴下一滴水，也有人會使用口水。無論是哪種，如果水分太多，被沾濕的金鋼砂將會擴散開來，必須多加注意。擴散開來的金鋼砂或GC將會磨去其他部分，變成平坦鋼面。

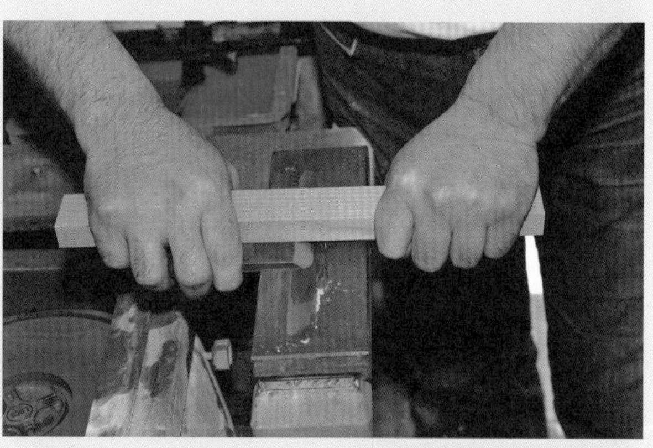

24.
一起握住押棒與刀片，另一隻手要緊押住押棒。押的力量約為左手6：右手4左右。左右手如果分太開，將會無法取得平衡而晃動。

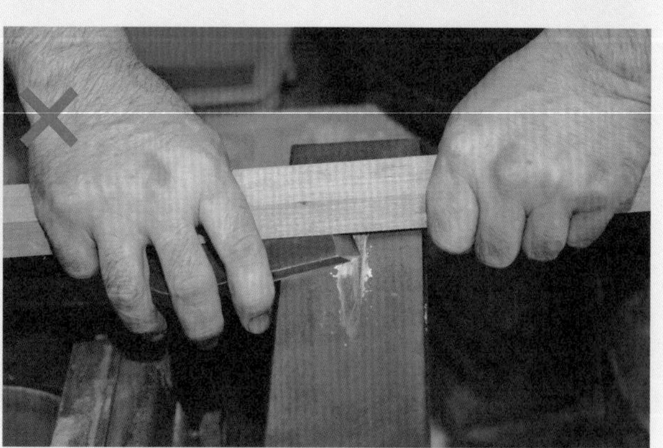

25.
金盤與刀片的摩擦阻力過大，會造成押棒與刀片錯開。若為了避免此狀態，而在右手施加過大的力量，就會變成右手施力過大，必須加以留意。

手，會為了要固定住刀片而多費力，左右以固定的力量去研磨是很困難的。此外，因為刀片與金盤的摩擦阻力很大，握著的押棒與刀片會錯開（照片25），對沒有力氣的人來說，會是讓人心情沉重的作業。

因此，在此要先介紹可取代將押棒與刀片固定在一起作業的工具（照片26）。

「鉋刀鋼面研磨器」可像押棒一樣使用，方法是將刀片放進研磨器本體中，以螺絲固定後使用。這樣一來，原本因為握住押棒與刀片而分散的力量，可以全部用在研磨上，也沒有限制握在哪個地方，可用兩手的大拇指往中心推的方式，安定地做研磨。

這工具並不貴，因此推薦給對研磨鋼面沒有自信的人。

鋼面研磨器也可以使用在刀幅寬的鑿刀上。

即使是已經使用過押棒來研磨的鋼面，如果接觸不到的部位面積太大，要先敲打出鋼面，然後再研磨鋼面。作業工程是一樣的。

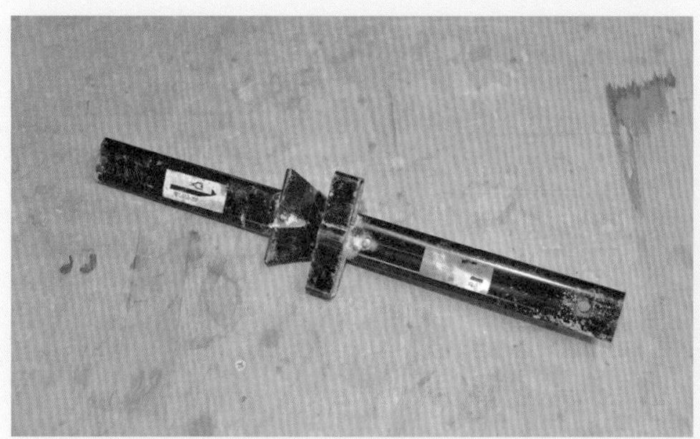

26.
鉋刀鋼面研磨器。可以不用費力在握住押棒與刀片上，因此可以集中於研磨鋼面。

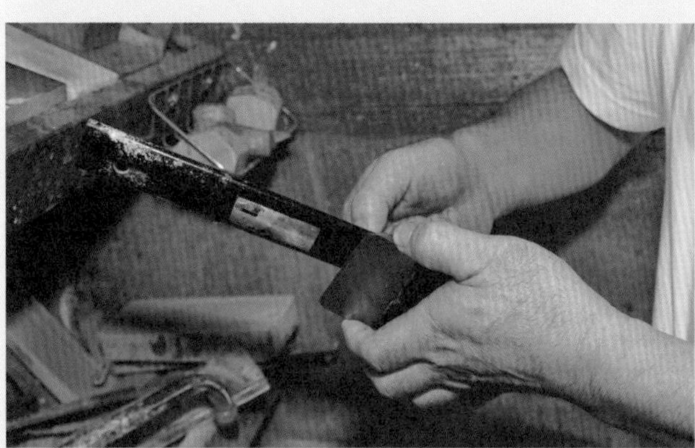

27.
將刀片放進鐵圈中，以螺絲做固定。這樣就不需要費力握緊押棒與刀片。

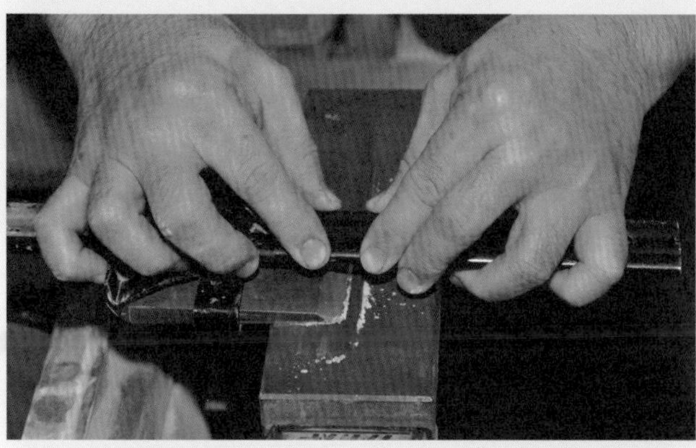

28.
按住想要研磨處＝糸裏的上方來研磨，就能夠安定地進行研磨。

29.
左右的刀鋒沒有接觸到砥石的狀態。要研磨到能接觸到為止，或是先打出鋼面後再研磨。

研磨刀片

整平砥石的平面

研磨了鋼面，並完成了細磨之後，就要開始研磨斜刃面。研磨的順序不需要從粗磨石開始磨，直接由中間石、再來是細磨石的順序來完成研磨。

砥石會因為有適合度高的組合，而能有效率地進行研磨。「用了幾號砥石之後要用幾號」，並不需要這種決定方式。先用中間石研磨，再用細砥石將刀片磨銳利，遵循這個基礎來使用砥石就可以。

在這裡使用的中間石是研磨力很強的「刃之黑幕」＃2000，細砥石使用的是可以輕鬆清除捲刃的「NANIWA SUPER砥石」＃10000。

研磨之前必須先將砥石平面整平，關於砥石的準備方法，以及基本的研磨、平面整平，請參考「認識研磨的基本（從25頁開始）」。

研磨時的姿勢

研磨的方法，有對著砥石將斜刃面直放著研磨、橫放著研磨，還有斜放著研磨共三種。所有研磨方式很重要的是，必須保持相同刀刃角度，並以固定動作來研磨。

如果身體距離砥石太遠，很容易以肩膀為軸心產生圓周運動，斜刃面將會變圓（照片30）。為了將斜刃面磨成平面，必須能夠由上方看見刀片（照片31），這樣手腕才不會伸太長，斜刃面比較不會被磨圓。

至於研磨時的施力方式，使用中間石時，柔軟的軟鐵會先被磨掉，容易讓刀鋒的角度變淺，所以要稍微在刀鋒前端多施力，注意保持刀鋒角度，研磨成平面。這樣一來，刀鋒也能夠變成一直線。

如果花很多時間使用中間石研磨，在中途需要適度地進行砥石整平作業。

使用中間石與細磨石磨平

繼續往下進行更進一步的研磨。由中間石黑幕＃2000開始，對著砥石，將刀片拿成直角的狀態，讓斜刃面橫向接觸砥

30.
如果身體離砥石太遠，手臂就會伸長，很容易以肩膀為軸產生圓周運動。

31.
研磨時身體不要離砥石太遠，採取由上方能夠看到砥石的姿勢，能夠以安定的來回動作來進行研磨。

32.
對著砥石，以橫向拿著刀片的研磨方式。在來回移動方向上刀刃的接地面較長，較容易維持一定的角度。學會了基本的研磨方式之後，最好能記住這種橫向研磨。

石來研磨（照片32）。這個研磨方式又稱為橫向研磨，優點是來回移動方向上斜刃面的較長那一面可以接地，肩膀不移動，讓手軸以滑動般來移動，斜刃面會比較不容易被磨成圓形。

刀片的移動方法，是在整個砥石上前後移動，大約磨到出現捲刃為止（照片33）。

因為太過努力研磨，很容易使力過大，造成產生過厚的捲刃。但在接下來使用細磨石時，必須磨掉厚重的捲刃，所以研磨刀片時不要施加過多的力量，在整體上磨出薄捲刃即可。這樣一來，在以細磨石研磨時不需花費多餘的時間，也容易磨出銳利的刀片。與基本研磨的原則是一樣的。

細磨石使用的是NANIWA的SUPER砥石。這個砥石要注意的是，吸了水之後表面會容易產生變化，必須不停確認砥石表面，如果磨損了要馬上整平。要去捲刃時也要從斜刃面開始研磨（照片34）。只要由斜刃面開始研磨，就可以清除捲刃，是這個砥石具備的強研磨力特徵。只要將力量保持在刀鋒那一側，研磨至清除掉捲刃為止。

此外，如果能使用名倉或WA＃1000的輔助研磨劑，可以更快將捲刃給清除掉。接下來，可以依照喜好使用天然砥石進行細磨，但不使用也可以磨得十分銳利。

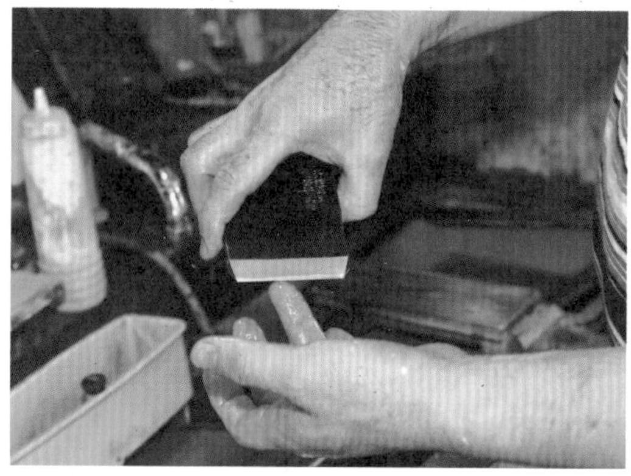

33.
以手指觸摸刀片整體，確認是否產生捲刃。雖然每個人會有差異，但較少在日常生活中使用的無名指，因為皮膚較薄，較容易確認到捲刃。

34.
在鋼面產生的捲刃，只要用NANIWA的SUPER＃10000砥石研磨斜刃面，就可以逐漸磨掉。如果清除不掉，要將力量施加在刀鋒上。

35.
如果使用天然砥石做最終細磨，適度地再加以研磨。

36.
研磨之後在刀片上塗油。若手邊能夠隨時準備好油壺，使用上會很方便。

確認刀片與壓鐵的密合度

研磨鋼面前先修正好壓鐵的不平整

研磨完刀片之後，接著也要研磨壓鐵，但在那之前，要先確認刀片與壓鐵的密合度。

將鉋刀的鋼面與壓鐵的鋼面放在一起，來確認壓鐵的扭曲或彎曲度。

這個作業程序，在調整鉋台誘導面，將刀片放入鉋台時也會進行。但如果壓鐵扭曲或彎曲得很厲害，敲打壓耳來修整時，其他部分有可能因此歪掉。這樣一來，好不容易完成了打出鋼面與研磨了鋼面，都變成需要再度調整。因此，在這個階段，先確認過與刀片的密合度，就結果來說，作業反而能夠因此有高效率的進行。

與其用力不如用玄能鎚的重量敲打

將刀片與壓鐵的刀鋒對齊，以手指頭試著敲打壓鐵左右的壓耳。兩邊都接觸到刀片，就不用調整，如果有一方沒有接觸到，敲的時候會發出喀鏘喀鏘的聲響。發出聲音那一側因為沒有接觸到刀片，需要打出壓耳。

打出壓耳的作業要在鐵砧上進行。要以同樣的角度進行敲打，因此，要在鐵砧上以奇

37.
將刀片與壓鐵的刀鋒放在一起，敲敲看壓耳。如果會發出喀鏘喀鏘的聲音，代表那一邊沒有接觸到刀片。

38.
在鐵砧上用奇異筆畫上45°的線，就可以維持敲打壓耳的固定角度與位置。

39.
壓鐵的耳。有像照片一樣可以清楚看出線條的壓鐵，也有無法清楚分辨彎曲部位的壓鐵。這種情況下要自己決定彎曲的線，兩邊要有相同的曲線。

40.
敲打壓耳時要好好按住壓鐵，注意不要敲到手。玄能鎚要使用重一點的，利用玄能鎚的重量來敲打。如果不彎曲就用力敲打。

異筆畫上45°的線，就可以正確地敲打。

敲的時候要以按壓的方式固定在鐵砧上，並請注意不要傷到手。

不要期待一次就能修正好而用力敲打，要一邊控制力量一邊敲打，再與刀片放在一起試看看，慢慢地做修正。

使用的敲打工具是玄能鎚，最好能使用重量為450g左右的玄能鎚，比起用力敲打，利用玄能鎚的重量來敲打，將可大幅減低不小心敲到手等失敗風險。但如果壓鐵很厚的狀況，有時也須用力敲打。

41.
要修正角度過大的壓耳時，要將壓鐵放在鐵砧上由背面輕輕敲打。這時也要注意壓鐵的拿法。

42.
跟要刨削時一樣，將敲打後的壓鐵與刀片的刀鋒對齊，將刀片對著光線，確認刀刃的密合度。

壓鐵的研磨鋼面與打出鋼面

研磨壓鐵的鋼面

接下來，要研磨以及打出壓鐵的鋼面。步驟與刀片是一樣的。要研磨壓鐵鋼面時，為避免研磨到不需要研磨的部分，要在砥石上塗上白蠟。此外，纏上膠帶也是可行的方法。壓鐵的內凹部分，根據製作者的不同，彎曲度也會不同，所以請改變黏貼的膠帶數量，找出可以磨得漂亮的高度。

壓鐵跟刀片不同，刀刃不是以切削東西為目的而生。磨出第二斜刃，讓刨屑可以碰觸到第二斜刃來折斷木理才是壓鐵的目的。因此，不需要像研磨鉋刀鋼面一樣，將糸裏磨光如鏡面一般也無所謂。只要使用#1000的砥石來研磨，就可以充分發揮功用。

研磨鋼面後開始研磨斜刃角

當糸裏都可以接觸到刀片，就可以直接進入斜刃面的研磨，但如果還有沒有接觸到刀片的部分，還是要打出鋼面。

步驟跟刀片一樣。一樣也要注意不要敲打到刀鋒處，往斜刃面的刀鋒前端起三分之一左右的位置，輕輕地敲打。殘留在斜刃面上的玄能鎚敲打痕跡，以顆粒較粗的砥石磨去後，就可以直接進入斜刃面的研磨。

43.
在壓鐵不想研磨的部分上貼上膠帶。因為會在砥石上塗上白蠟，所以只用的是保護膠帶。如果不塗白蠟，就要使用鋁膠帶等不會被磨損的素材。

第二斜刃的角度與研磨幅度

研磨斜刃面時要磨成雙斜刃，第一斜刃面要磨成20°，第二斜刃面要磨成50°。為了將第二斜刃面磨成漂亮的直線，磨第一斜刃面時要充分磨尖，一直到磨出捲刃為止。

接下來，磨出第二斜刃面時，將刀刃直立成50°，以往後拉的方式開始研磨，再以來回方向研磨。研磨出0.2mm左右的刀幅為基本原則。來回研磨的次數，根據砥石的硬度有所不同，所以無法一概而論，但中間石#1000硬度的砥石約為十次左右，較軟的砥石約二十次就很足夠了。

最後，在鋼面產生的捲刃，可用木材的角切掉。

一般來說，第二斜刃的研磨寬度，只要有刨屑厚度的寬度即可，但若是刀鋒太過銳利，有可能受到刨屑的擠壓，而將刀鋒給掀起。

此外，相對價格較便宜的鉋刀，其壓鐵有的會用較柔軟的貼鋼，即使寬度有0.2mm仍無法壓斷刨屑，這種壓鐵請將第二斜刃研磨至0.5mm的寬度。

相反地，如果第二斜刃的寬度過寬，將變成會與排屑稜互相干擾無法發揮作用（參考

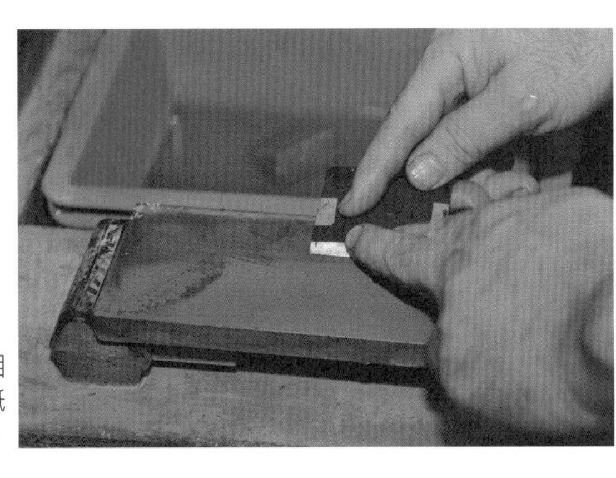

44.
鋼面的研磨方式與刀片相同。在這裡使用的是鑽石砥石，當然也可以使用金盤。

45.
壓鐵厚度比刀片薄，打出鋼面時需要特別小心。

46.
研磨鋼面。如果最後使用細磨石完美地完成細磨最好，但若只用＃1000，也能有充分的效果。

47.
磨出第二斜刃面時要往前頃50°，一開始以往後拉的方式研磨比較好。如果一開始就往前推壓研磨，將有可能損傷砥石。研磨出的幅度，根據壓鐵的性質而有所不同，不知道該磨多少時，先磨出0.2mm的寬度，一邊刨削、一邊看刨屑的狀態，藉由實際經驗來學習。

左頁圖），所以最好是能夠有恰當的寬度。

　刃口如果可以變寬，第二斜刃的幅度寬一點也沒關係，但逆紋時會難以折斷木材。

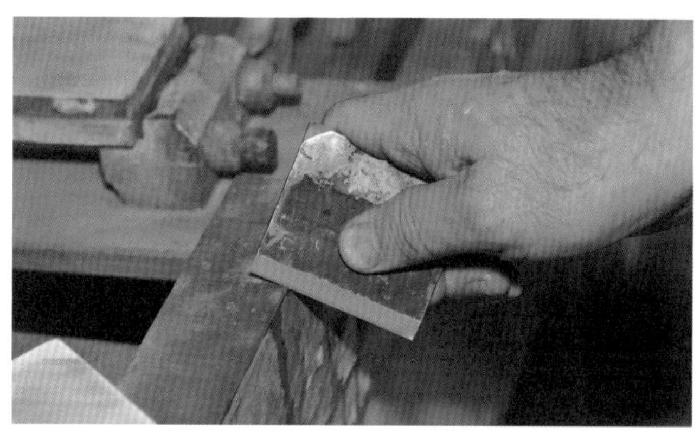

48.
在磨出第二斜刃時出現的毛邊，要像在切木材的角一般，清除銳利的刀鋒。

圖 3. 磨出第二斜刃的重點

壓鐵的第二斜刃基本為0.2mm。特別是新品鉋台的刃口較狹窄，第二斜刃的寬度如果太寬，壓鐵跟排屑稜之間的空隙會變太狹窄，刨屑會很容易堵住。相反地，如果第二斜刃太薄，有可能因為刨削下的刨屑壓力，而讓刀鋒掀起。

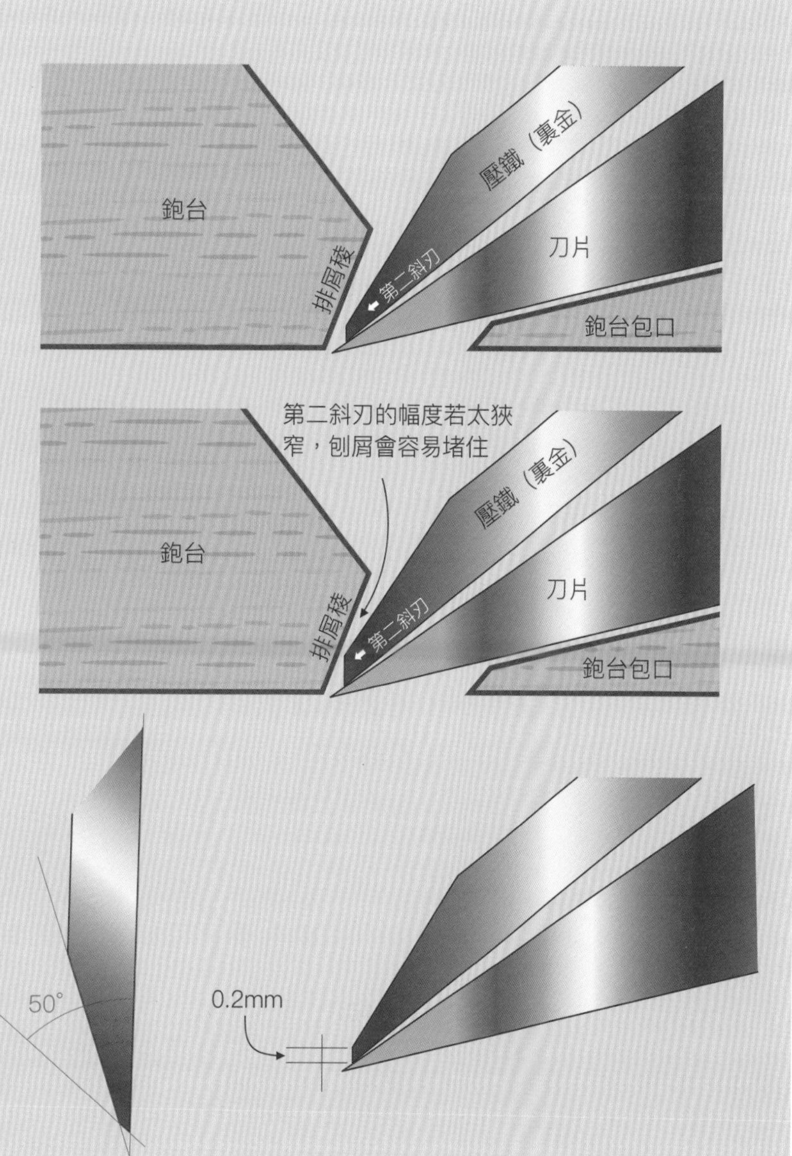

先將壓鐵的刀鋒角度磨成20°後，再磨出50°左右的第二斜刃。角度愈接近90°，刨屑就愈容易堵住。

鉋膛的調整

看清鉋膛的凹凸

到這裡為止，以刀片與壓鐵的研磨為中心進行了調整說明。接下來，要進入鉋台與壓鐵、刀片的調整。一開始已經調整過壓溝，所以會以鉋膛的調整為主。

在研磨好的刀片上塗上油，放進鉋台裡看看。用玄能鎚將刃頭敲打進去，如果感覺很緊，就不要勉強繼續往下放，先把刀片拔起來。

在這裡可以看見鉋膛上有些部分附著很多油。這是鉋台跟鉋膛壓力較大的部分，要削去這部分，讓油的附著面積變大，分散到整體上。要注意的是，不要削去沒有附著油的部分。

如果因為油遍布而難以辨識時，可以在鉋台與鉋膛的接觸部分，用鉛筆塗上記號。

調整鉋膛時應注意事項

照片50是取下刀片的鉋台，上面有油附著的痕跡。有幾處附著了很多油。最先，必須把紅筆圈出的地方用鑿刀削去。

要注意的是，接近刃口部

49.
在研磨好的刀片上塗上油，放進鉋台裡看看。鉋膛應該還很緊，所以不要敲太大力。先在較大的油壺中裝入椿油等準備妥當。也可以用竹筒等自行製作。

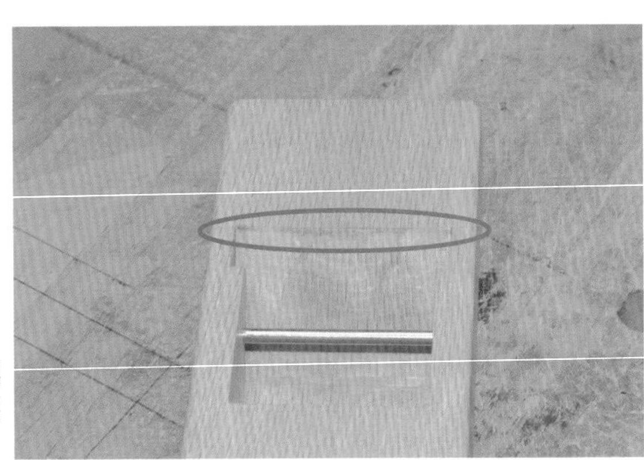

50.
拿下刀片後鉋膛凸起處會佈滿很多油。這裡要削去（畫圈處）。

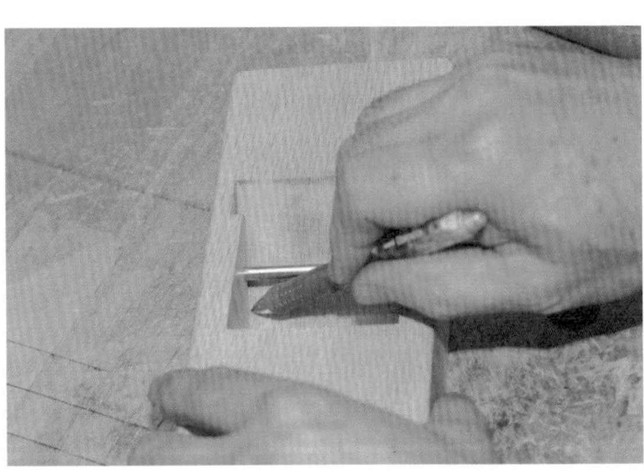

51.
筆所指的部分（左右都是），不要施加太大的壓力。

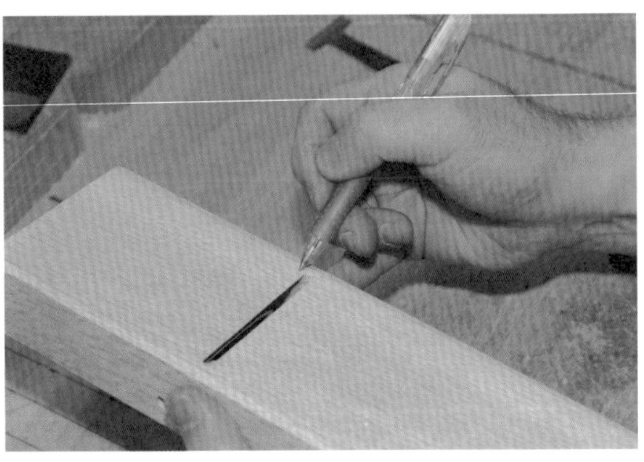

52.
照片51筆所指示處，如果壓力太大，刃口的側面有可能裂開。

分的左右處（照片51中以筆指出的部分），接觸時不能太過緊密。這個部分的壓力如果太大，誘導面的包口邊緣（照片52）會被壓縮而膨脹，也有可能因此產生裂痕。

壓樑是為了壓住刀片而存在的，所以，放入刀片之後，誘導面會產生膨脹是正常的，要以下端定規來觀察，將鉋膛調整為如同圓滑的上弦月般微微膨起。如果往左右方向產生膨脹，則可能產生裂痕。

單邊凸出時的處理法

將刀片插入鉋台之後，有可能只有右邊的刀鋒會凸出來。這時將刀片左右移動，可看出相反側的某處成為了支點，要將該處削去。

使用鑿刀或刮刀

調整鉋膛時有時會使用鑿刀。用鑿刀不是不對，但可能會不小心將刀刃刻進鉋膛中，而削去太多。不習慣使用鑿刀的人，建議使用可慢慢削去木材的刮刀。

刮刀只要下工夫，就可以當做很多工具來使用。在63頁會介紹幾個點子，請做參考。

53.
使用鑿刀請不要用太大的力氣，要用像摩擦的感覺來削去。這裡使用的是口切鑿刀。

54.
凸起部位面積較廣時，使用刃幅較寬的薄鑿較方便。雖然效率較好，但請注意不要讓刀片刻進鉋膛中。

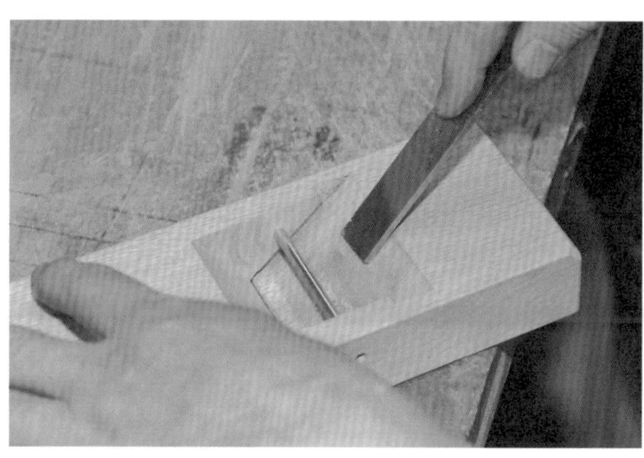

55.
為了避免削去太多，使用刮刀較方便。照片裡是無垢的高速鋼，使用方法請參考63頁。

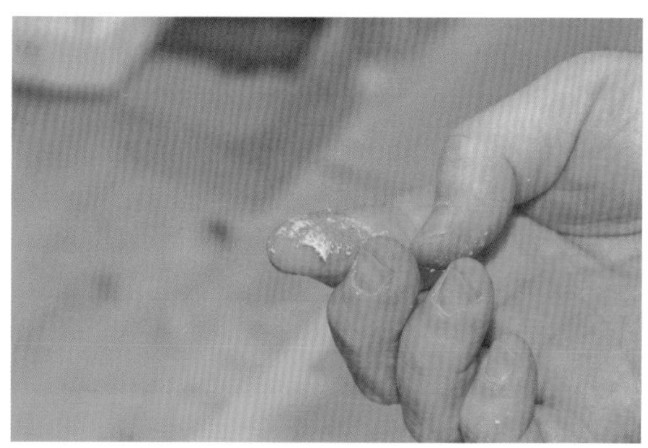

56.
削去鉋膛之後產生的粉狀木屑。無論是用刮刀還是鑿刀，都要記住，最好能削出這樣的粉末狀木屑。

照片50中除了以紅圈圈起來的部位之外，還可以看見壓樑上方的中心部分上有油漬。接下來，要削去的是這部分，如果面積較大時，使用刀幅較寬的薄鑿刀會比較方便。以作業效率為優先的人可選擇這方法，如果不想失敗，希望能謹慎地削去，建議用刮刀來進行。

像照片56一樣使用能削出粉狀木屑的削法，就可以減少失敗。

慢慢地邊做確認邊削去

此外，較少失敗的調整法，最重要的就是一次不要削去太多。反覆地將刀片放進去再取出，每次都要確認油的附著部分來進行削切。打進刀片時，要用較大的力氣來進行。如果因為太小心而輕輕敲打，調整的結果將會不夠緊，時間久了將會變鬆而產生鬆動。

照片57是經過幾次削去鉋膛的步驟後，將刀片放進鉋膛後的照片。與54頁的照片比較起來，可以看出油附著的面積變大了。

最後，要讓鉋膛整體都平均地附著上油是最理想的，但即使沒有全部都附著，也沒關係。刨削過後鉋台也可能逐漸變薄，一開始讓中心部分，也就是壓樑的下方部位的壓力強些，一邊確認鉋台的變化，一邊進行調整就好。

此時要進行很細微的調

57.
與照片50做比較，有油附著的面積增加了許多。還要往下削，直到全部都沾附油為止，不斷重複這個程序。

58.
讓壓樑下方可以稍微更緊密接觸鉋膛，油的附著部分會漸漸往下偏移，要將此處調整比其他地方附著的油稍微濃一點點的狀態。

59.
鉋膛的調整結束之後，要確認包口會不會太厚。太厚則會壓迫到刀片，誘導面將會隆起。

60.
再次確認鉋背與刀片的密合度，以及壓溝。根據最初的程序到這裡所花的時間長短，有時必須將木頭會產生的變化也考慮進去。

整，一開始就用刮刀會比較順利。

調整包口

當鉋膛整體都可以漂亮地接觸到刀片之後，接下來要調整包口。關於包口，如果過厚，放進刀片時將會碰撞到，如果勉強將刀刃放進去包口將會裂開，因此需要調整厚度。將刀片放進去，若刀片由誘導面凸出的狀態下，刀片會碰觸到包口，就需要將距離調整成非常接近但又不會碰觸到的狀態。

此外，在這個階段，鉋台的鉋背與刀片的接觸狀況，以及壓溝的接觸狀況，都要再做確認，進行微調。

包口削薄的作業，一開始要由鉋膛調整至包口的接角為止。讓鑿刀的鋼面在緊貼住鉋膛的狀態下，像是用往下戳的方式削去。

接下來，要用鉋台鏝鑿將包口削薄。調整包口時，能有鉋台鏝鑿是非常方便的。沒有就將壓樑拔起來之後來進行。

要拔下壓樑的時候，要使用可去掉尖銳部位的釘子，或是去掉螺紋的木螺釘。

61.
將鉋膛當做基準，沿著鉋膛戳削包口的接角。希望可以正確地戳削成一直線，因此，刀幅較寬的鑿刀最有效。若想將包口取下，就直接戳削至誘導面為止，但不要一次就想將包口給戳削掉，要慢慢削去包口的前端至根部來加大刃口。

62.
若戳削後要留下包口，鉋膛與包口的接角處會有木屑殘留，用鉋台鏝鑿來除去。

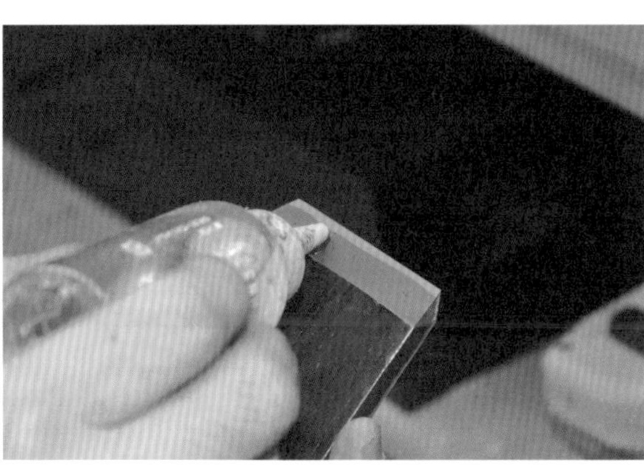

63.
在鉋刀的斜刃面上用滴的方式塗上油，跟鉋膛一樣，要確認包口附著油的部分。

64.
包口削薄的作業，必須連壓溝內都要削整，有鉋台用的鏝鑿較方便。普通的鏝鑿刀刃部位太長，會削不到中央部位。

削鑿包口時要使用鑿刀，但要以平行方向來削除是很困難的，要以慢慢地鑽鑿方式來削去。

此外，要採取將包口取下的對應方式時，使用與照片61削鑿包口接角作業相同的要領，將鉋膛做為基準，直接將包口戳鑿至誘導面後取下。

這種情況下就不需要包口的調整作業，可以往下調整刃口與排屑稜。

若要留下包口，要與調整鉋膛的時候一樣，在刀片的斜刃面上用滴的方式抹上油。接著將刀片放入後，就會在包口較厚的部分留下油漬，再將該部分削去。

此外，放入刀片時，刀片碰觸到包口聲音會改變。聲音改變時，如果是刀片沒有從刃口凸出的狀態卻繼續敲打，包口有可能因此裂開，因此，也要注意由刀耳收集情報來進行作業。

進行到這步驟之後，刀片就會從誘導面凸出來。出刀時要一下一下地敲打，由各個方向來確認，沒有發生勉強出刀的狀況。

最後由誘導面那一側放入薄的紙，確認鉋刀的刀鋒與包口間的縫隙。

刃口與排屑稜的調整

刃口需與刀片成平行

65.
若沒有鉋台鏝鑿，就要將壓樑拔起來之後削鑿包口。要用可去掉尖銳部分的釘子等來拔下壓樑。

66.
使用打鑿，用挖鑽的方式來削鑿。削鑿壓溝時需要五厘鑿或薄鑿。直接將鑿刀轉成90˚，橫向削鑿方式可以輕易削到角落部分。

67.
將刀片放進去，確認刀片與刃口成平行。原本就預設要讓使用者自行調整，所以製作成較狹窄的狀態。因此，在這個階段，即使刀片會碰到刃口也沒問題。

68.
排屑稜要整理為75˚。因為要將鑿刀的鋼面做為基準面貼緊來削鑿，能事先製作專門的治具最好。

接下來，要將刀片放進鉋台，由誘導面那一側來看，確認刃口與刀片成平行。由於鉋台手工製作的部分很多，因此刃口的部分等也需要進行調整。參照照片67，可知道刀片與刃口的空隙並非成平行。手指指向處沒有空隙，刀鋒碰觸到了排屑稜。

便宜的鉋刀有些從一開始就會將刃口開得很大，但做為職人使用為前提的鉋刀，因為是要用來細刨，所以會盡量將刃口的開口做小一點。

因此，試著將刀片放進去，如果會接觸到刃口，本來就是為能漂亮地削去而刻意留下的部分，要將該處當做記號，將刃口調整為能與刀鋒平行。

刃口的角度會由排屑稜的角度來決定，因此，要使用配合排屑稜角度的治具來做調整。

關於排屑稜的角度

排屑稜的角度是75°。這個角度根據使用者會有些許不同，但如果角度太淺，跟壓鐵之間會沒有空隙，刨屑將很難排出。

相反地，如果角度太大，刨屑會由後方跑出來，將會跟

69.
鉋台用木工虎鉗、用來切削刃口的治具，要用固定夾好好地固定住。鑿刀要使用能夠進入刃口的薄鑿刀。

70.
由誘導面側開始削整排屑稜，接著由鉋背側將立面、排屑稜、以及與左右兩壁接觸的接角處都徹底削整。如果削整時不夠專心，將會削過量，因此每削一次就要做確認。

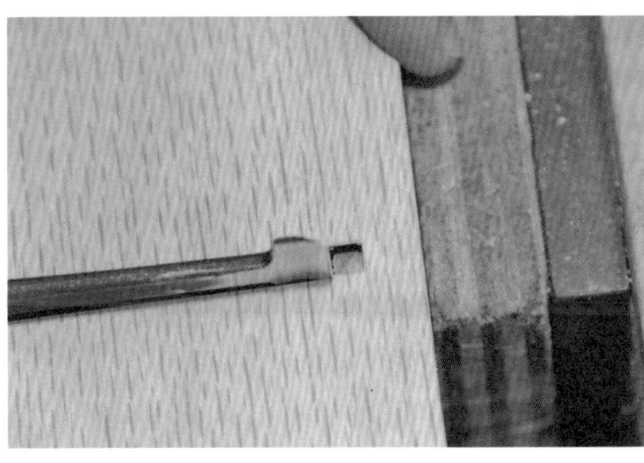

71.
調整角落。直到鑿刀可以碰觸到壓溝為止，持續削整出漂亮的邊線。

72.
刃口的邊線與壓溝切削角（譯註：刀片與誘導面的角度）的邊線會產生細微的差距，要將外表修整整齊。

手糾纏在一起，而影響到作業。況且刃口會很快就變寬，將這件事也考慮進去，能夠維持在75°至80°間是最好的。

如同照片68一樣，將鉋台誘導面向上固定在木工虎鉗上，將配合刃口角度的治具，配合刃口固定在固定夾上。使用這治具，就可以一次就決定角度與刃口邊線。

用來削切刃口的工具，使用薄鑿或鎬鑿當然也可以，但這裡要使用的是名叫口切鑿的鉋台專用鑿刀。橡木非常堅硬，使用鑿刀刀幅面一起施力是切不下去的。要將鑿刀拿斜向，用刀刃的邊角慢慢地鑿削。

73.
雖然非常細微，但可以看出來還能削整。這時要將刃口的邊線當成基準，依照這邊線不改變角度來削切。

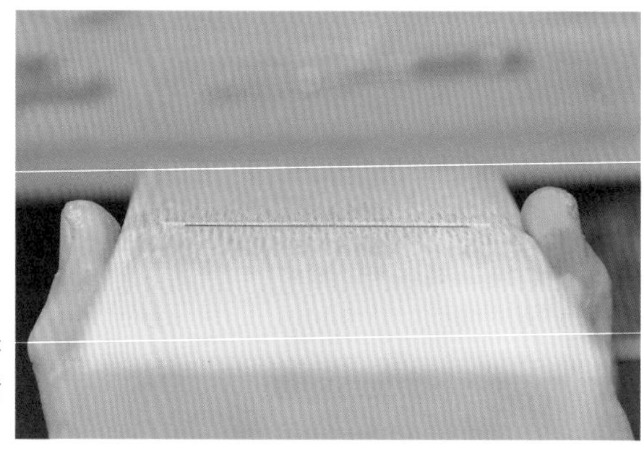

74.
將刀片放進鉋台，試著讓刀片凸出刃口。可看到幾乎已經成平行了。

當完美地削出排屑稜的角度之後，接下來，要由鉋背側將立面與排屑稜，以及與左右兩壁的接角削整整齊。最後將刃口的邊線與切削角削齊。雖然只是不到1mm的段差，也請不要看漏了（照片72）。

完成上面步驟之後，接下來要將刀片放入，讓刀片像實際上使用時一樣凸出刃口。如果刀片與刃口成平行，代表調整很順利。

壓樑的調整

確認是否「單方接觸」

完成刀片、鉋膛、刃口的調整之後，接下來，就要放入壓鐵，來檢查與壓樑的接觸狀態。

如果可以順利放入，就沒問題；如果只有左或右單方接觸，另一方呈現懸空狀態的「單方接觸」，就需要做調整。

使用鉋台時，一般會先讓刀片凸出，再將壓鐵推至距離刀鋒約一根頭髮距離的位置；但如果跟壓樑是單方接觸，就

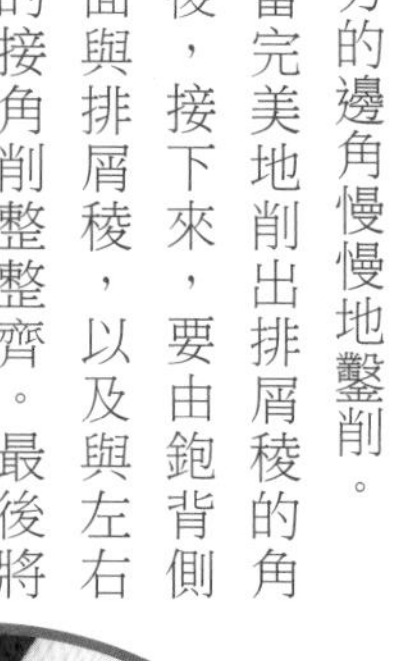

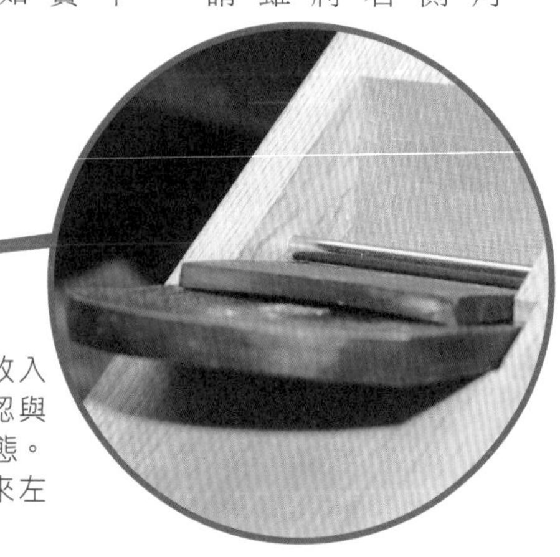

75.
在刀片與壓鐵放入的狀態下，確認與壓樑的接觸狀態。從照片可看出來左側是懸空的。

會對這精細的作業產生影響。

即使敲打壓鐵的中心，接觸到壓樑的那一側不會往前，會產生只有懸空側會被敲入的現象。

為防止此現象產生，則要進行調整，但調整方法有好幾種，在此要介紹較簡單的兩種。

往下壓的調整法

第一個方法，是在懸空那一側壓樑的孔裡放進厚紙片或木片，將壓樑往下壓的方法。

可將木片削成可放入壓樑孔中的大小，或是撕下如明信片的紙類，與壓樑一起插進孔中。壓樑會被往下壓至與木片厚度相同的地方，做法看似簡單，但如果一直反覆嘗試，壓樑的孔將會因此而變大。

也就是，萬一放進與想調整的相反方向時，孔穴將會不必要地被加大。

但即使變成這樣，也可將孔穴封起來再開新的孔來做處理。

76.
準備明信片厚的紙片或木片。將紙片或木片撕成能放進壓樑孔中的長條型，一邊以手指按住、一邊將壓樑插入。因為這是勉強將壓樑往下壓的方法，要事先知道壓樑孔有可能因此加大的風險。

削去壓樑的調整法

還有一個方法，就是用銼刀來削去壓樑。比起第一個方法，會花較多的時間，但失敗機率應該會較少。

首先，要將壓樑取出，原本沒有放入孔穴中的部分，要以奇異筆來做上記號。要注意不要削去比此記號更靠外側的部分。

接下來，要用虎鉗等固定住壓樑，以金屬用銼刀來磨去壓樑與壓鐵接觸部分。削去的量需與相反側懸空的縫隙大致相同。

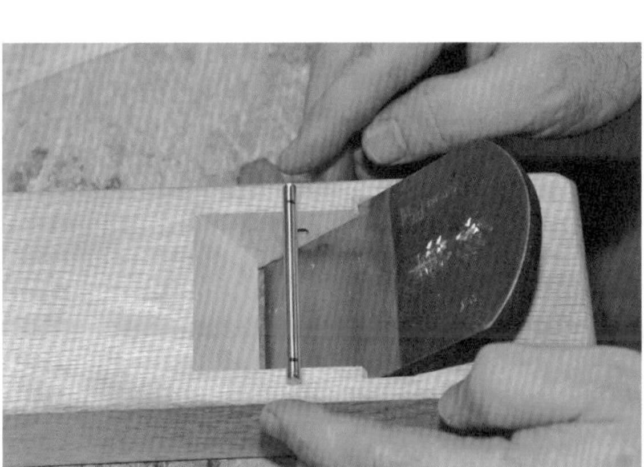

77.
拔掉壓樑，一邊對照鉋膛寬度、一邊在需削去的部位做上記號。比這記號更偏外側處不可削去。

78.
以虎鉗做固定，並用金屬用銼刀來磨削。只要削去有接觸到壓鐵的那一邊即可。確認縫隙大小時，要記住必須削去的量。如果失敗了，就要換新的壓樑重做一次。

削去的部分會成為圓柱形的壓樑上唯一呈現平面的部位。將壓樑放回，並放入刀片與壓鐵之後，要以鉗子等轉動調整壓樑，讓該部位可以接觸到壓鐵。

如果敲打壓鐵的頭中心部分時可以平行放入壓鐵，代表調整很順利。如果削去了太多壓樑，要換上新的壓樑。

為避免失敗，不要一次削去太多，要慢慢地削，將刀片等放進去確認空隙之後再繼續削，請重複這步驟。如果放進之後太鬆，就要打出壓鐵的壓耳。

79.
將壓樑放回去，放入刀片以及壓鐵，以鉗子等夾住壓樑來調整方向。

80.
試著敲敲看壓鐵。如果刀鋒在敲中間時往直線、敲右邊往右側、敲左邊往左側前進，代表調整很順利。

整理鉋刀的小知識

■去掉鉋台的邊角

雖然與將鉋台整理成可使用的狀態沒有直接關係，但在使用之前，請削去鉋台的邊角。要削去的邊角大小因人而異，有人只削去如細線一般的邊角，也有人為了讓鉋台好拿，而削去較大的邊角。

此外，退刀時需要敲打鉋台，為讓鉋頭的邊角受到敲打也不會缺角，最好事先削去一些。

■注意刀銘的位置

有些刀片上會打上打鐵舖的銘（譯註：製作者的名字）。因為打鐵舖的不同，打上名字的位置也各不相同，但有些刀片上會在與鉋膛接觸的位置上，以鑿子刻下大大的刀銘。

像這樣的刀片，在刻了刀銘的四周有時會凸起，如果不知道這一點就調整鉋膛，有時候會產生卡住的情形。

確認刀銘的位置，如果在會接觸鉋膛的位置有刻字，就要用玄能鎚將凸起的部位敲打清除掉。

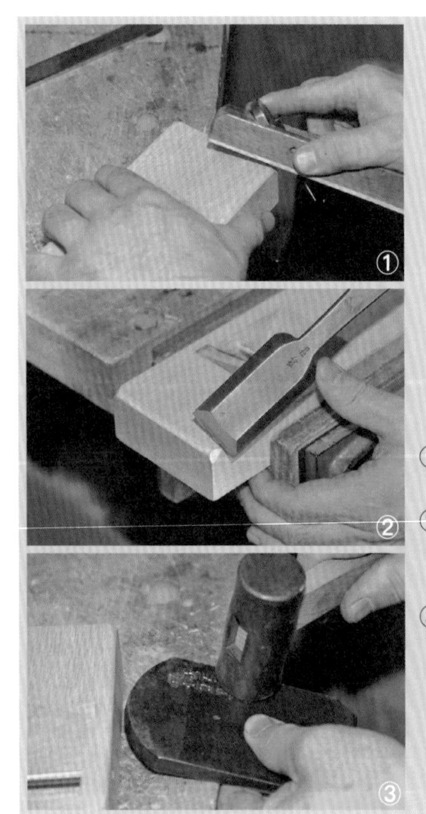

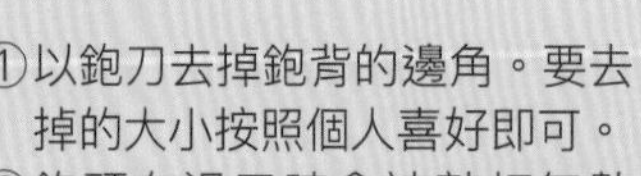

①以鉋刀去掉鉋背的邊角。要去掉的大小按照個人喜好即可。
②鉋頭在退刀時會被敲打無數次。在形狀被敲壞而影響美觀前，一定要先削去邊角。
③作者的刀銘是由打鐵舖製作的證據。根據刻上的位置，有些刀銘的凹凸會干擾到刀片使用。雖是不容易注意到的地方，但一定要事先做確認。

介紹不會失敗的

調整鉋膛用的創意工具

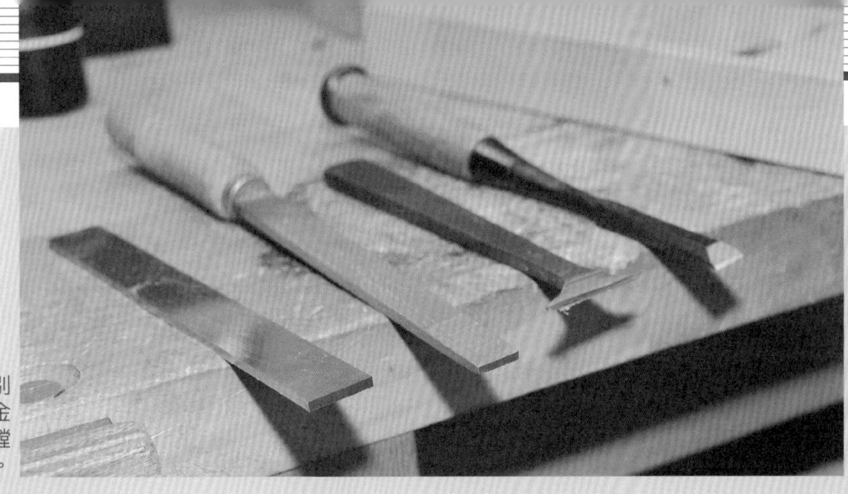

由左起分別為高速鋼、金屬銼刀、鉋膛刮刀、鑿刀。

鉋膛的調整重點，在於要慢慢地削鑿，不要一次削太多，將表面凹凸都清除掉。太銳利的刀刃，有時候會一次就削去太多。

不會一次削過頭，可以削出粉狀木屑的刮刀是很方便的。也有鉋膛專用的刮刀，但只要有好的創意，其他可使用的工具也很多。

找出身邊不常使用的工具，如果有可用的，就試著挑戰製作鑿削鉋膛用的刮刀。

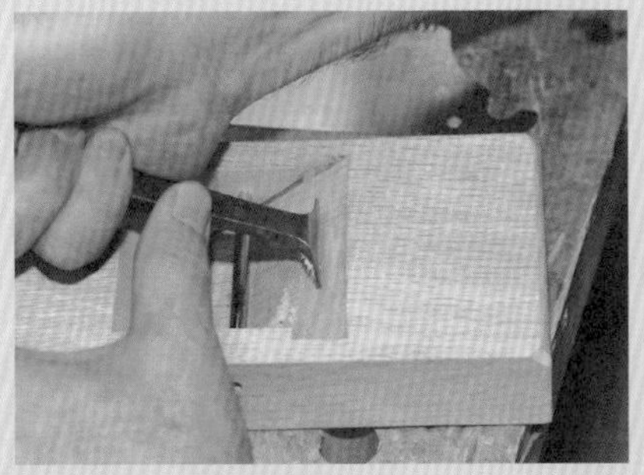

鉋膛刮刀。因為是專用工具，是連初學者都可以簡單使用的工具。

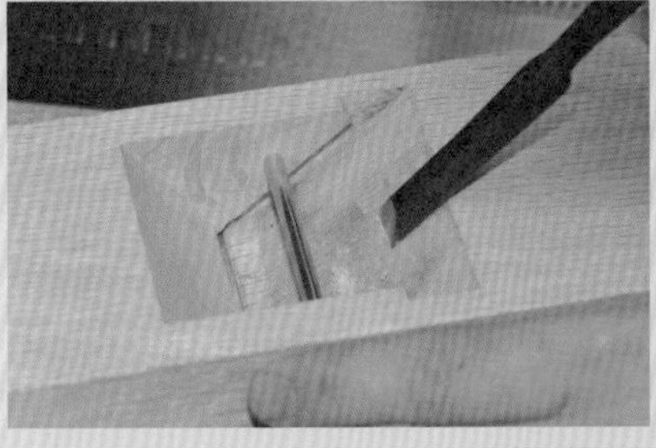

■由鑿刀來製作

要將沒在使用的鑿刀做為刮刀，在可替換刃式的鋸子刀刃（這個也是用已經無法鋸東西的就足夠）刃片上，按壓鑿刀的刀刃，將刀刃弄鈍。這樣一來，可以避免削得過深，但缺少做為刮刀的持久力。

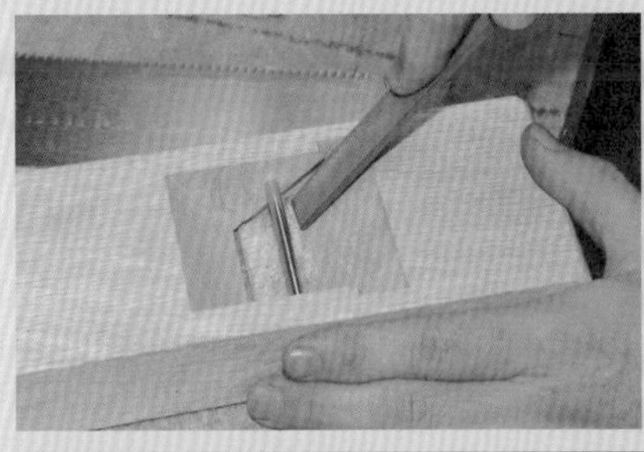

■由金屬用銼刀來製作

金屬用銼刀做為刮刀，也是很好使用的工具。將銼刀的顆粒磨去，前端以研磨機磨平，磨到出現毛邊即完成。不用清除毛邊，直接使用即可。

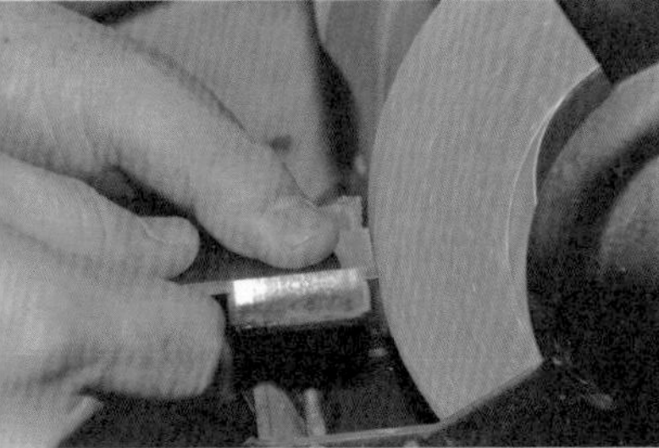

■由高速鋼來製作

這是使用未加工的高速鋼的例子。與銼刀一樣，以研磨機削去前端直到起毛邊為止。用起的毛邊來切削鉋膛，可切削的狀態比較起來可維持較久。

鉋台的誘導面調整

使用前的普通調整

接下來，要進入誘導面的調整。

這作業不只限於剛購買的鉋刀，是每次使用前、使用中，如果狀態不佳時必須進行的作業。

下端定規或台直鉋等專用的工具會在此登場，工具的解說請參考21頁。

調整誘導面的基本原則

誘導面的調整，基本上是將刃口與鉋尾這兩個點做為基準面，將其他地方磨去（參考66頁圖5）。

以前會考慮粗鉋、中細鉋等，配合作業階段跟著改變調整方式，但機械類工具相當普及的現代，通常會將鉋刀調整為細刨用。此外，調整為細刨的狀態後，只要稍微將刃口加大，就也能夠做為中細鉋與粗鉋鉋刀來使用。

誘導面調整的確認作業有：①刃口邊線為筆直、②鉋台沒有彎曲、③誘導面為稍微研磨的平面，確認這幾項，不夠好的地方再調整。

首先，使用下端定規來做確認。最重要的是，一定要在放進刀片的狀態下來進行。刀片與鉋台交接處的誘導面會因為插入刀刃後的壓力，而於鉋頭側產生隆起，因此，調整時最好是在接近使用鉋刀時的狀態，要由誘導面讓刀片往後退後2mm左右，做出不會碰觸到刀片的空間，來進行調整。

步驟依序是整理刃口處的面、鉋尾側的面、鉋頭的面。要調整鉋尾側的誘導面時，不要拿尺測量鉋頭側的誘導面。要調整鉋頭側時，由完成調整的鉋尾側拿尺對著鉋頭側，在尺的延長線上削去鉋頭側的誘導面來做調整。

首先，要先用台直鉋，將要用來做為基準的刃口處的面削成平面。接下來，要調整鉋尾側的面。將鉋刀拿起對著光照（照片84），以下端定規輪流測量各個對角線（圖4）。由對角線透出的光線較多的那一側，需要削去修正彎曲。由鉋尾的角開始削起，但不要削到刃口處，要削掉與透出的光相同的量來修正彎曲，削成平面。

通常鉋刀誘導面的調整都屬於微調的範圍，使用台直鉋當然很好，但如果是新品，誘導面還沒有整理的商品也很多，這種情況下彎曲將會較大，修正的範圍也會變大。此時，

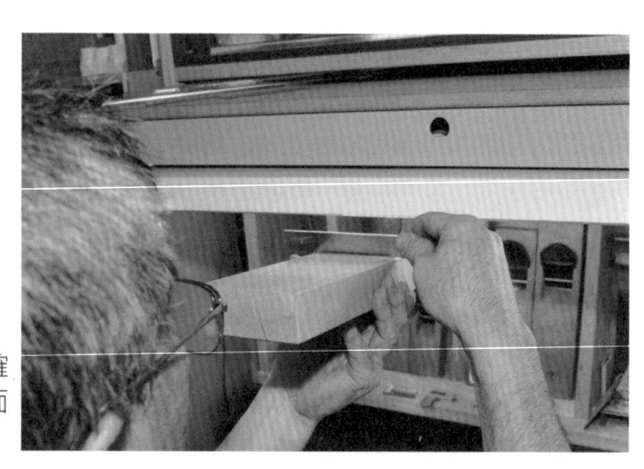

81.
誘導面的調整，首先，要在放入刀片的狀態確認刃口的直線。以此面做基準來調整鉋台。

圖 4. 要拿下端定規測量的位置

首先，將這地方削成平面。以這裡為基準，至鉋尾為止都修成平面。

紅色的點線部分是要拿下端定規做測量的線。將刃口下方磨為直線，首先只由鉋尾側拿尺做測量。以刃口為基準將至鉋尾為止的彎曲都磨掉。當鉋尾也成為平面之後，接下來，以下端定規測量藍線的部分，將至鉋頭為止都磨成平面。

如果用台直鉋效率將會太差，用小鉋來做橫磨（與木紋成直角方向的削法）將可提高效率。這是連專家都會採用的方法。

確認鉋尾側為沒有彎曲的平面後，以鑿刀削去刃口兩側的部分（66頁照片86）。這是因為要修整鉋頭側時，會因為這個高高隆起處，而很難削去刃口上方的包口。

接下來，為鉋頭側的誘導面調整。這個面要由已完成調整的鉋尾側的面上，讓下端定規往此方向延伸，利用刃口為起點來延長，以下端定規下方透出的光線為憑據，與鉋尾側一樣找出需要修正的地方，削去做調整。如果在這裡發現鉋頭側的空隙過大，要先削去一開始的刃口面，以及鉋尾側的面，自然就可以縮小鉋頭那一邊的空隙。

下端定規要測量的位置

當誘導面都削整為平面之後，接下來請參考66頁圖5，將下端定規要測量位置以外的地方，都薄薄地削去一層。這樣一來，可以減輕拉鉋刀時的阻力。此外，也可以刨削稍微彎曲的材料。

在圖中無論是刃口側還是鉋尾側，都將下端定規測量的部分設定為10mm。技巧熟練的人，會將刃口側留得更窄，讓鉋刀也可以進行薄削等精密的刨削。此外，因為接地部分減少了，自然磨耗會變快，需要進行修正。

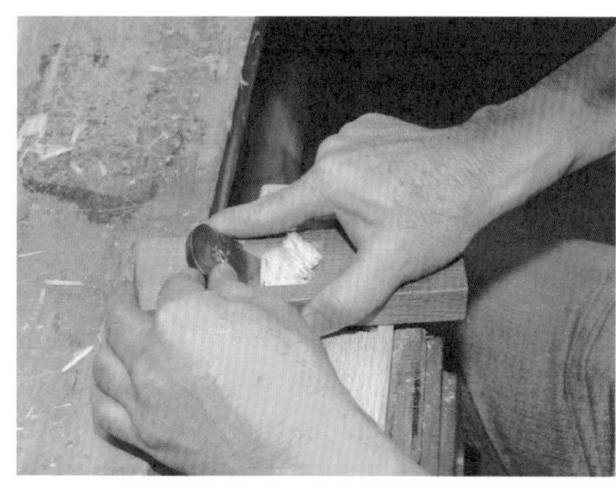

82.
當鉋台的彎曲太大時，以小鉋等進行修正效率較佳。但手邊有怎樣的工具因人而異，如果沒有小鉋可用台直鉋進行下去。

83.
由刃口下方至鉋尾，以下端定規做測量，確認平面與彎曲。對著光線照光，找出由誘導面透出的光線，調查凸起處。

84.
像64頁圖4拿尺測量，確認彎曲。若所有的測量方法都沒有空隙，就是已經成為平面。如果圖中測量方向沒有光線透出，但以尺測量相反方向對角線時，卻能看到光線由中央部分透出，代表右後方較高。相反地，如果光線由鉋尾側透出，代表前方較高。

85.
用台直刨將較高部分削去。首先，將刃口到鉋尾整為平面。

要削去不會碰到下端定規處時，除了台直鉋以外，也有以刮刀削去的方法，請參考70頁。

削去的量為一張明信片左右的厚度即可，與其說是刨屑，不如說要能削出木頭粉末的削法來進行。台直鉋的刀片如果凸出太多，會發出嘎哩嘎哩的聲音並產生震動；如果刀片凸出的量剛好，會發出刷刷刷的輕快聲音，也不會產生震動。

鉋頭的誘導面要整體都薄削。經過這種薄削法，一般的刨削即足夠，也很容易做整理。如果要做為中細鉋與粗鉋來使用，將會產生厚的刨屑，此厚度與材料之間也會產生空隙，所以要將薄削的量減小。

在這裡要注意的是，刀片為往後退2mm的狀態，不需要擔心刀片互相碰撞，但要注意不要削到最初已經整平的刃口線。如果削到了，就需要進行修正。為了避免此情況，可製作如照片88一般的治具，讓台直鉋的刨削能夠於非常接近刃口的地方止住。

完成調整之後，接下來就

86.
調整誘導面時通常會以橫磨來磨整鉋台，刃口的兩側會保持隆起。將刃口至鉋尾都整為平行之後，要以鑿刀削去刃口的兩側。削到低於平面也可以。

圖5.誘導面要削去的位置

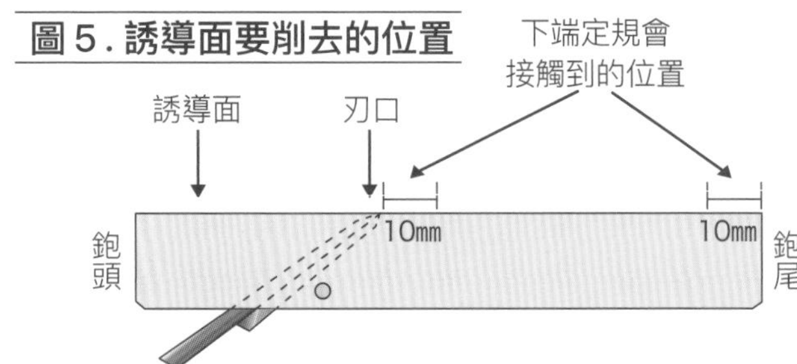

拿下端定規放在誘導面上，要讓由刃口下方往鉋尾方向的10mm，以及鉋尾的10mm左右處能與定規接觸。其他部分要薄削大約一張明信片的厚度。

87.
刃口以下的部分削整平坦之後，接著，要將刃口以上的部位刨削至不會碰觸到尺的程度。削至能夠稍微透光的程度是最好的。這個面無論哪個地方會碰到尺，鉋刀都無法順利刨削。

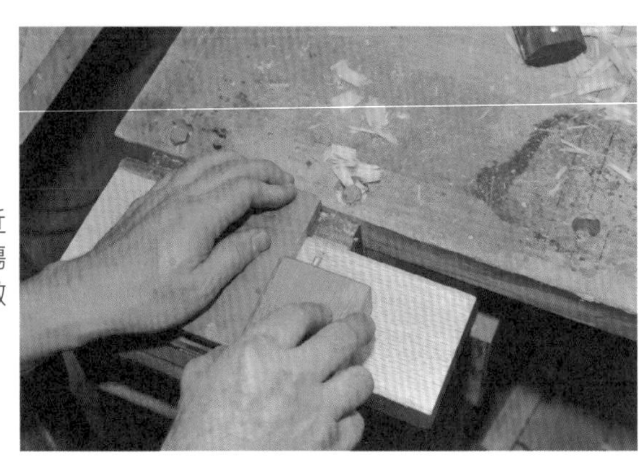

88.
鉋頭側要削到非常接近刃口為止，為了避免傷到刀片，要貼著尺來做刨削。

試著刨削看看。先確認刀片凸出的量。讓誘導面朝上，由鉋尾方向確認刀片是否平行地凸出。

試著刨削平面有凸起的材料，調查刨屑的排出法，來調整刀片的凸出。刨屑如果只有單側較厚，則要由側面敲打刀片的肩，讓刀片能變成與誘導面成平行。如果想要削出更薄的刨屑，就要敲打鉋頭讓刀片往後退。嘗試重複刨削，一邊讓刨屑較厚那方的刀片恢復為平行，一邊繼續刨削。

壓鐵要由鉋背那端往下看，讓壓鐵前進至貼近刀鋒為止。

要貼近至距離刀鋒一根頭髮的距離為止才停止，雖是這麼說，但壓鐵會因為第二斜刃的影子而無法看見實際距離。可將壓鐵壓緊至一直到看不到刀鋒的地方為止，再觀察後來削下的刨屑，來確認壓鐵的狀態。

89.
誘導面的調整結束之後，將刀片放入。將刀片放進之後，再放入壓鐵，壓鐵的刀鋒如果停在離刀片刀鋒太遠的地方，將會無法壓斷逆紋，因此，要讓第二斜刃的頂點與刀片的刀鋒能契合放入為止。

90.
刀片與壓鐵的確認，最後要進行的是試刨。如果削出的刨屑會捲起，代表壓鐵沒有發揮作用，必須慢慢讓壓鐵與刀鋒貼近。

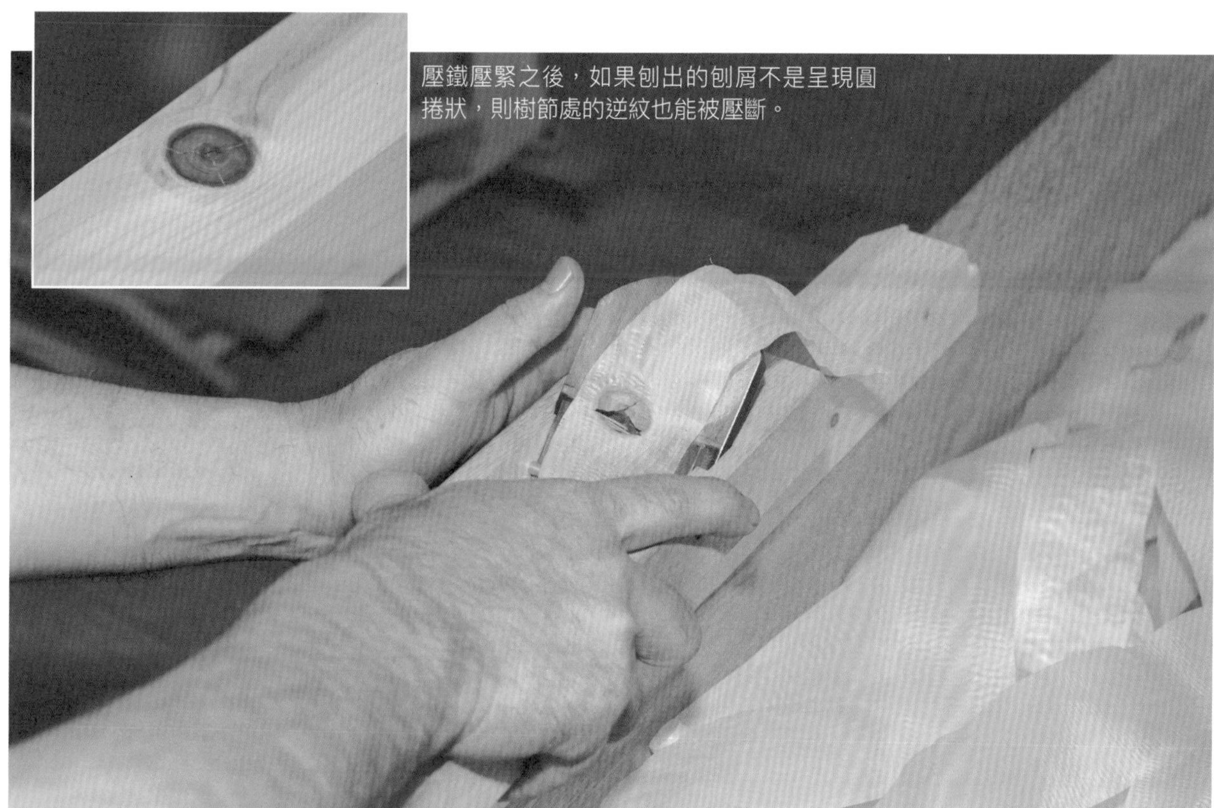

壓鐵壓緊之後，如果刨出的刨屑不是呈現圓捲狀，則樹節處的逆紋也能被壓斷。

使用玻璃板進行誘導面調整

誘導面調整的基本原則，就如同64頁起的解說，是要使用下端定規、台直鉋等工具來進行的。

這樣一來，購買鉋刀時，就一定也要購買台直鉋，或製作下端定規，因為如果不是買了鉋刀，也就沒有必要買下端定規。如果陷入這樣的思考模式，能夠用來享受木工樂趣的手工具，就會變成愈來愈遙遠的存在。

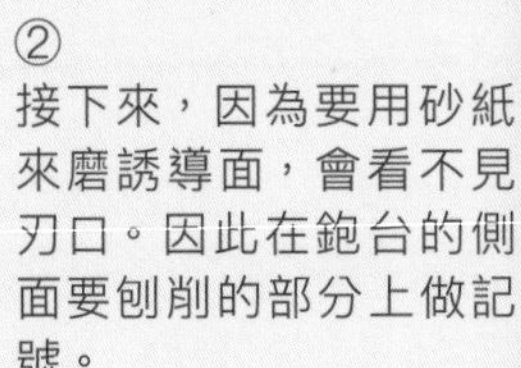

的確，如果目標是進行精密的薄削、或想整理成有鏡面般光澤的鉋刀，是需要有某種程度的準備與技術，但是沒有人是一開始就精通的。必須要知道鉋刀的構造，以及做為手工具還需要再調整哪個部分等等理論，比起紙上談兵，還是需要藉由實踐中習得。

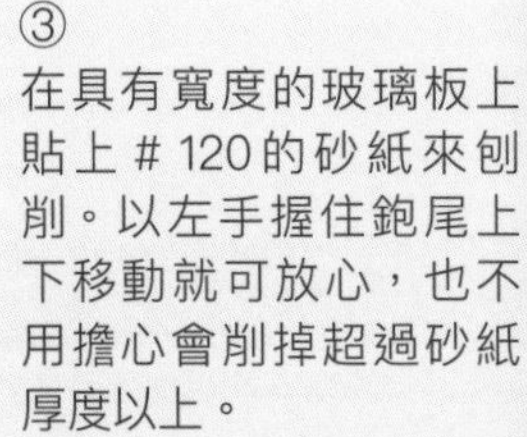

即使只有一把鉋刀，也想要盡情使用，在此來思考可行的方法吧。

大型的玻璃板較安定

在這裡要介紹的是以玻璃板來調整誘導面的方法。

也就是在玻璃板上貼上#120的砂紙，並在上面將誘導面給整平的方法。

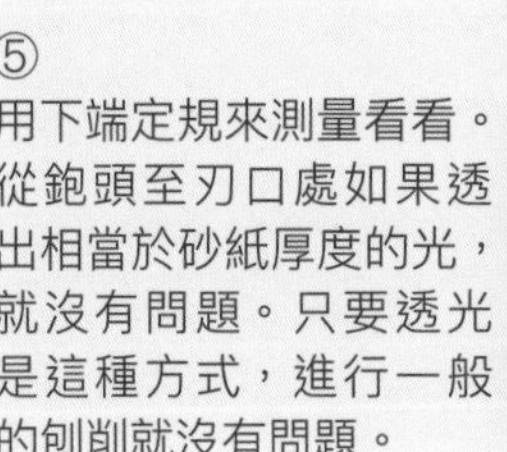

想法很簡單，一開始先將整個面都整平，再接著減少必要的部分。將66頁圖5中誘導面與下端定規接觸的位置留

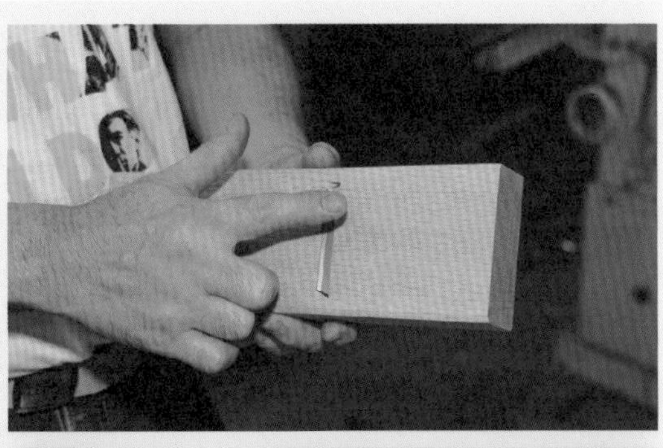

①
放進刀片後，鉋膛的部分會膨脹。首先要將整個面都整平。

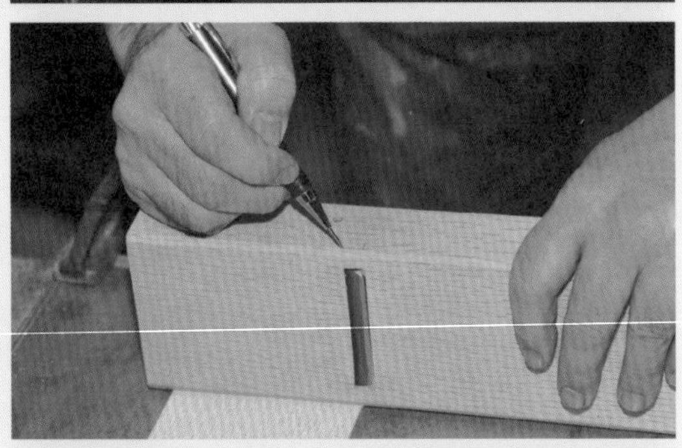

②
接下來，因為要用砂紙來磨誘導面，會看不見刃口。因此在鉋台的側面要刨削的部分上做記號。

③
在具有寬度的玻璃板上貼上＃120的砂紙來刨削。以左手握住鉋尾上下移動就可放心，也不用擔心會削掉超過砂紙厚度以上。

④
若使用細長的玻璃板來刨削，沒有放在板上的部分會變得不安定，所以需要具備讓該部分安定的技術。如果要將鉋刀縱向將整面都削平，使用這種玻璃板也可以。

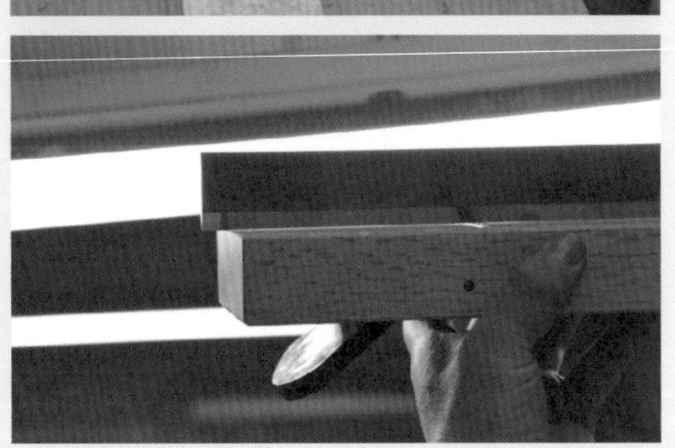

⑤
用下端定規來測量看看。從鉋頭至刃口處如果透出相當於砂紙厚度的光，就沒有問題。只要透光是這種方式，進行一般的刨削就沒有問題。

下，以砂紙進行刨削。

為了避免失敗，要準備較大型的玻璃板。使用細長的玻璃板也能夠進行調整，但能和板接觸的部分變狹窄，將會缺乏安定（照片④）。因此，在可將鉋台完全放置於上的正方形玻璃板上，整面都貼上砂紙，將不削磨的部位也放置於板上。

用這個方法，就不用擔心刨削的部分會被削掉比砂紙更厚的厚度。照片⑤是用下端定規來確認縫隙，如果沒有下端定規，使用金屬製的直尺替代也可以。

總之，要將能整理出順利排出刨屑狀態的鉋刀、並且實際試用這件事當做最優先。

這個方法必須要將刀片先放進去。不過刀片會有被砂紙磨削的危險，要讓刀片往後退到非常靠近刃口處。

最後，以縱向拿鉋台方式，前後再磨幾次就可完成，但砂紙有個缺點，即由砂紙上剝落的研磨顆粒，無論如何都會附著於鉋台上。若要去除，使用噴粉器或送風機等非常方便；如果沒有，就用乾的抹布抹去。但如果太用力擦，研磨顆粒將有可能深入鉋台中，輕輕拂去即可。

⑥
在誘導面與下端定規碰觸的位置上，於鉋台側面做上記號。

⑦
注意研磨鉋台時不要磨到做記號的部位。

⑧
以下端定規確認光怎樣透過，如果接地面太多，就要慢慢削去。

⑨
最後磨整個面。2至3次前後移動就足夠。如果鉋尾側有彎曲，就只磨掉那部分，再重複③至⑨的流程。

⑩
將附著於誘導面上的研磨顆粒吹掉。如果沒有噴粉器，照相機用的送風機也可拿來使用。

介紹可用於調整誘導面的創意手工具

調整誘導面時，台直鉋是基本的工具。但是若說沒有台直鉋就無計可施，也並非如此。代替台直鉋來使用的專用工具，或自製的刮刀，都是非常有用的工具。如上頁介紹過的，以細長玻璃板將誘導面整平之後，再以刮刀削去不要的部分，也是種方法。

以木片夾住小刀的刀片。切削能力雖不強，但價格便宜是其魅力。適合細磨。

使用電動鉋刀替換刀片的範例。比起小刀較具持久力。以木片來製作把手。

打鐵舖製作的刮刀。有良好的磨削力，但很難研磨。

鉋膛削過頭時的處理方法

就算鉋膛削過頭、刀片太過凸出，也還是可以修正為能夠使用的鉋台。在此要介紹不浪費鉋台的創意修正方法。

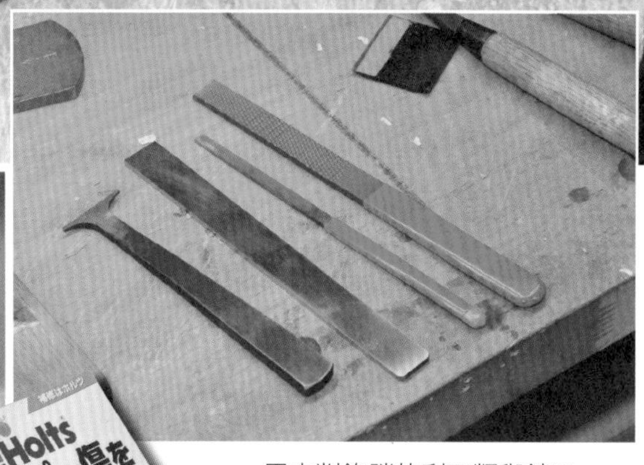

用來削鉋膛的刮刀類與銼刀。

輕敲鉋台的鉋頭刀片就會過度凸出時，就代表鉋膛需要做修正了。如果不修正，刨削途中刀片將會退回或晃動，而產生波浪般刨屑。

使用汽車用品店等可以買到的汽車保險桿修補用補土。

就算鉋膛削過頭了，還是有幾種修正的方法。為人所知的是貼上明信片，或是貼附上搓揉過的線香等方法。最近也有使用環氧樹脂接著劑等方法，這裡要介紹的，則是使用修補汽車保險桿傷痕用的補土方法。

這個方法的優點，是可以抹上明信片差不多的厚度，如果太鬆也可以增加厚度，可以反覆修正這一點。

此外，補土乾燥之後，就可以進行接近木屑觸感的削切，敲打刀片時的觸感，也跟沒有使用補土時幾乎相同，因此可毫無違和感地做修正。

說明書上寫著30分鐘左右就能乾燥。因此，可以在突然想到時馬上進行修正，這也是魅力所在。

④

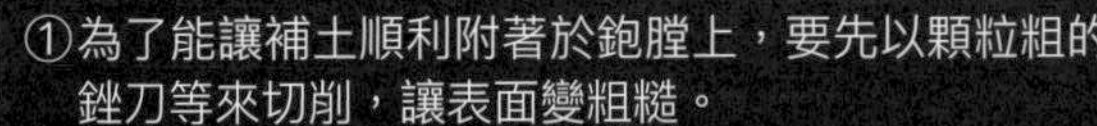

①為了能讓補土順利附著於鉋膛上，要先以顆粒粗的銼刀等來切削，讓表面變粗糙。
②在合板之類的板子上，以相同量擠出補土的兩種液體。
③用抹刀充分攪拌至變白。
④在鉋膛上均勻地塗上補土。就算失敗了，乾燥之後還是可以撕下，因此不需要太過於神經質。
⑤等待30分鐘至1小時來放乾。
⑥合過的剩餘補土以刮刀削看看，來確認乾燥程度。
⑦完全乾燥之後，削去附著於壓溝上多餘的補土。

⑤

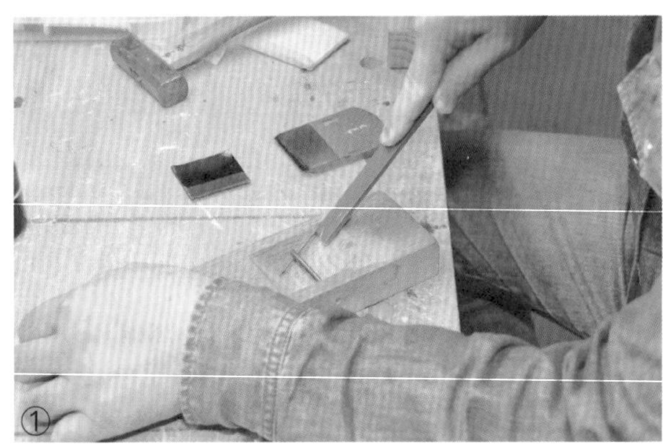
①

⑥

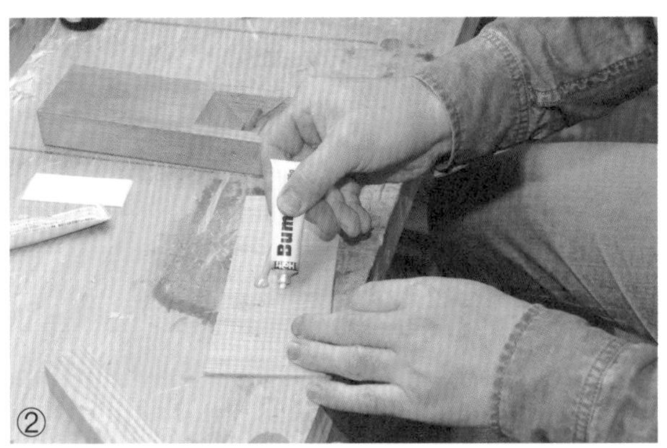
②

⑦

③

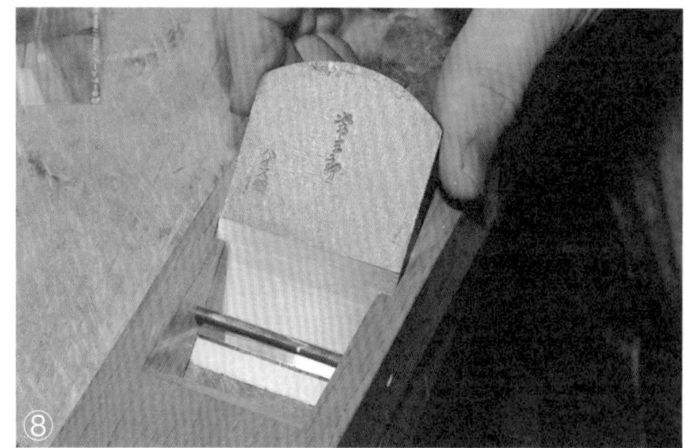

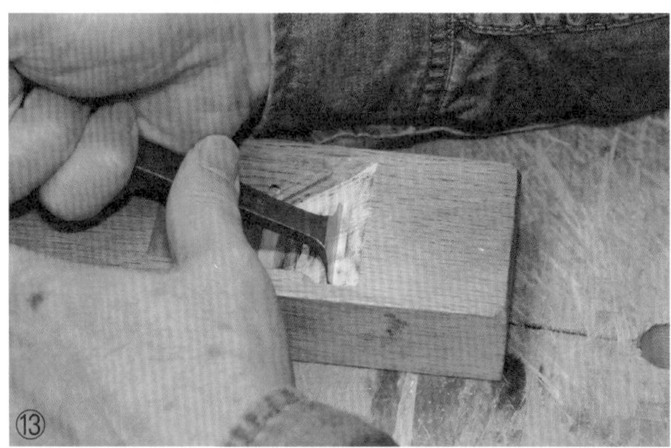

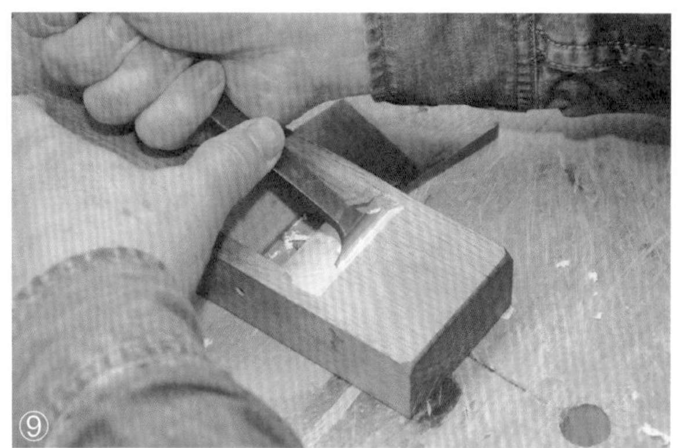

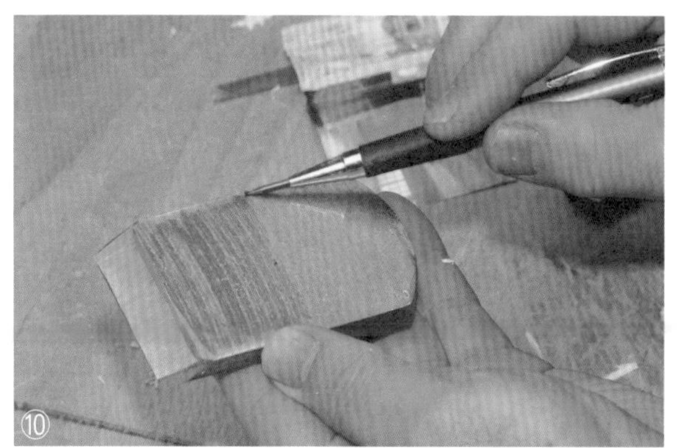

⑧試著將刀片放入看看，塗太厚的部地方以鑿刀削去。
⑨削整整個面讓補土服貼。
⑩為確認與鉋膛接觸情況，在刀片的表面以鉛筆塗黑。
⑪接下來，以玄能鎚敲打，將刀片確實地打入，讓鉛筆塗黑的部分能轉印上。
⑫將變黑的部分一點一點地削掉。
⑬為避免刀片左右移動，要將刃口側調整成緊密接觸狀態。
⑭調整完硬度之後，在刀片上塗上油做保養。

取刃刃角的技巧

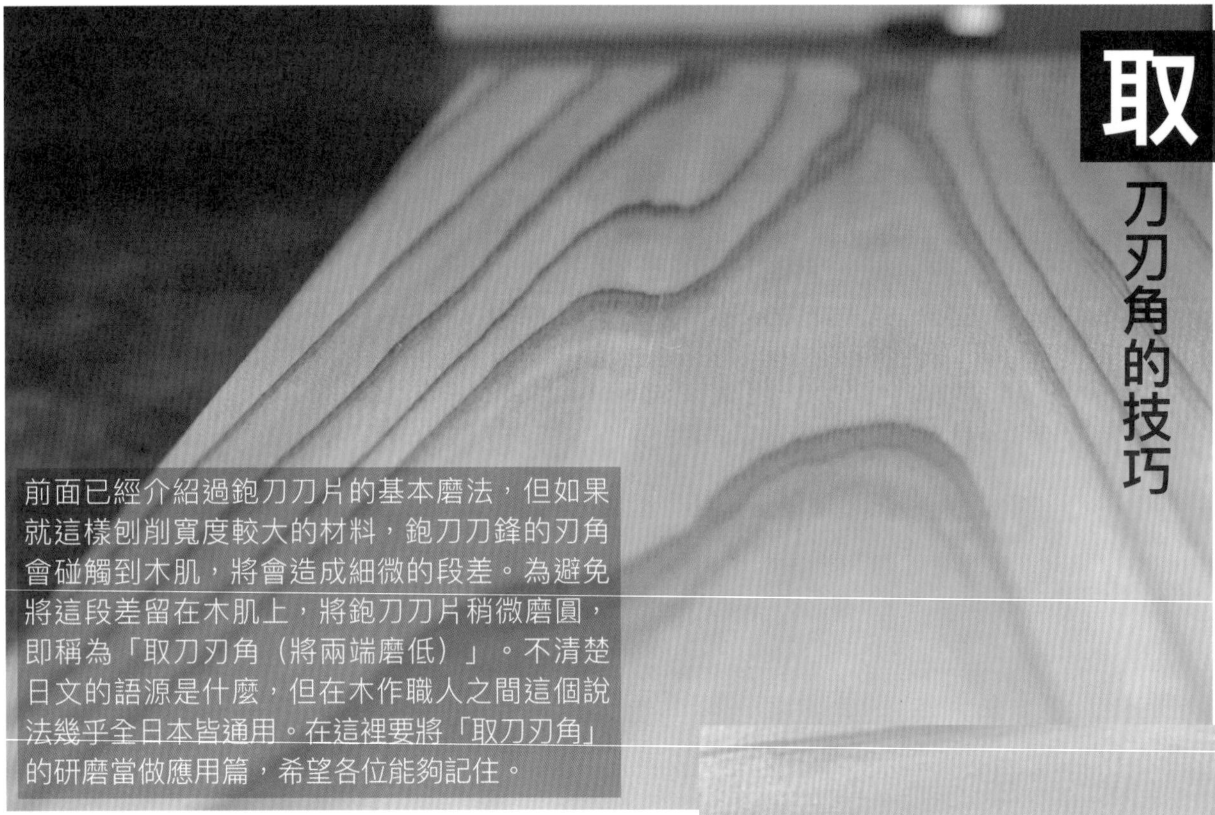

前面已經介紹過鉋刀刀片的基本磨法，但如果就這樣刨削寬度較大的材料，鉋刀刀鋒的刃角會碰觸到木肌，將會造成細微的段差。為避免將這段差留在木肌上，將鉋刀刀片稍微磨圓，即稱為「取刃刃角（將兩端磨低）」。不清楚日文的語源是什麼，但在木作職人之間這個說法幾乎全日本皆通用。在這裡要將「取刃刃角」的研磨當做應用篇，希望各位能夠記住。

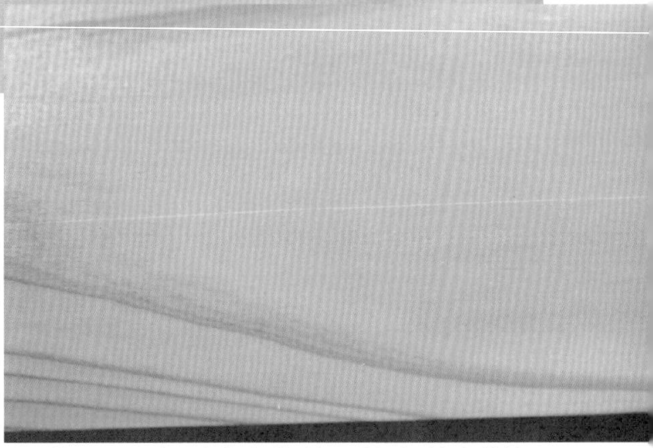

上面的兩張照片，在中央附近都可以看到白色的線，這是以鉋刀磨過後產生的段差。為了避免段差，要進行的研磨稱為「取刃刃角」。

應用於寬度較大材料時「取刃刃角」的目的

刨削小於刀幅的材料時，不會產生任何問題，但在寬度較大的材料上刨削無數次後，會因刀耳的角，而在材料上造成小段差。為了不造成這個段差，就要進行「取刃刃角」。

要去掉刀片的「刃刃角」，即為筆直研磨刀片的兩耳部分，並將其稍微磨圓。也有將整體都磨成帶著些微圓形的磨法，但在這裡要介紹的是只有磨掉雙耳部分的磨法。

做出中間石的砥面

從打出鋼面到中間石研磨為止，都採用與基本研磨同樣的方法來研磨，直到產生捲刃。接著，為了在刀片的兩耳磨出相近的圓角，得先做出砥石的圓面。

通常砥石需修整為平面，但在這裡要用GC或多氣孔水平君的窄面，在砥石的正中央稍微挖深，想像成要做出U字形的砥石來整理砥面。準備專用的砥石當然也可以，使用平常在用的砥石背面也無所謂。

使用多氣孔水平君，在中間石的正中央做出稍微深一點、整體呈現U字形的砥石面。

細磨要以研磨方法來做調整

這裡是採用將斜刃面以縱向研磨的方法。這樣一來，只有砥石的兩端、雙耳的部分會被研磨到，會磨出黑色的漿。

因為砥面的U字形並非正確地左右對稱，有時要將刀刃的前後對調，避免磨出歪斜的刀片。據說木作職人平時在工作時刨出的刨屑厚度約為40微米，只要讓砥石的凹陷稍大於這厚度即可。如果凹陷角度太大，刀鋒的圓形將會變大，削出的表面會呈現波浪狀。

接下來，要用細磨石來研磨，但刀的形狀已經成形了，所以只要使用已經整平過的砥石，不要破壞刀的形狀來小心研磨。

在以細磨石研磨時，也有磨成U字形的方法，但與中間石磨出完全相同形狀是很困難的，以研磨方法來做調整，反而比較節省時間。

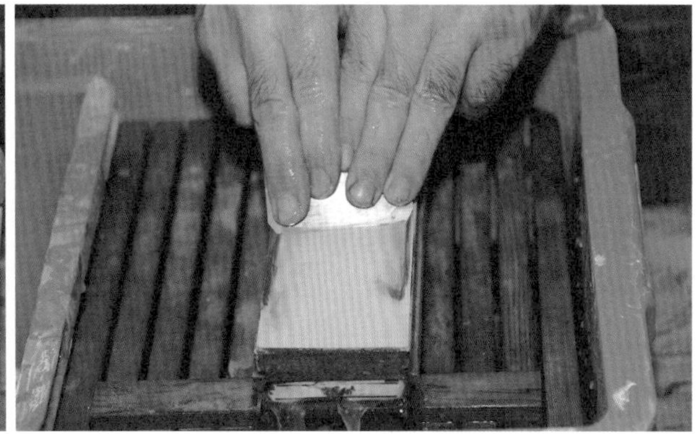

右上：用做成U字形的中間石，來取刀刃角。只有兩耳的部分可以磨出漿。

左上：細磨石不需要調整砥面，是以研磨方法來做調整。如果對柔軟的細磨石用力過大，刀片會削入砥石中，需多加注意。

左：磨好的刀片。可以看到左右的耳部分稍微被磨低陷了。

左下：用取刀刃角前的刀片刨出的刨屑。會在整個刀片寬度上平均地刨出刨屑。

右下：取過刀刃角的刀片所刨出的刨屑。會刨出只有兩端稍微破碎的刨屑，這是愈靠近兩端刨屑會變愈薄的證據。這樣刨削的材料上就不會產生段差。

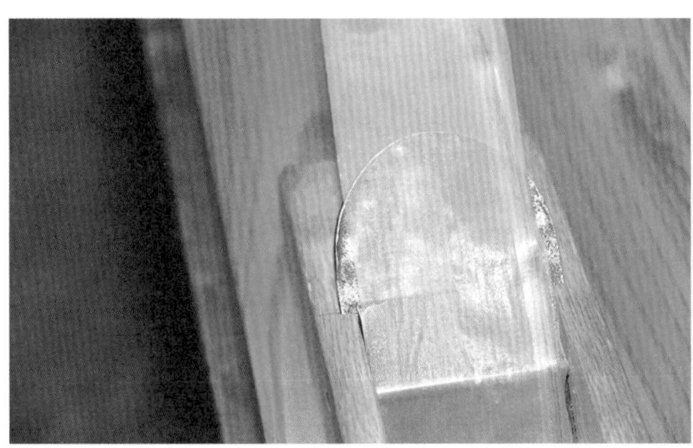

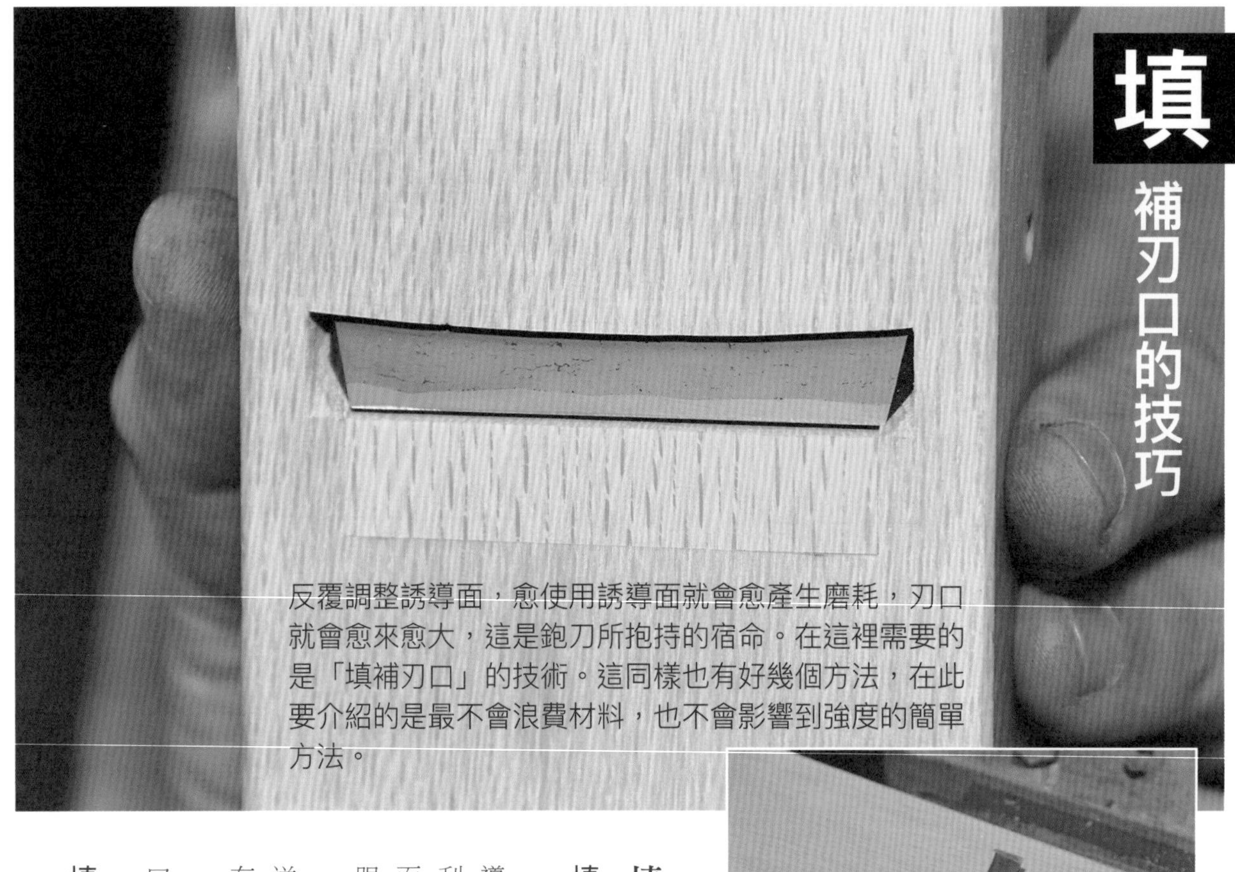

填

補刃口的技巧

反覆調整誘導面，愈使用誘導面就會愈產生磨耗，刃口就會愈來愈大，這是鉋刀所抱持的宿命。在這裡需要的是「填補刃口」的技術。這同樣也有好幾個方法，在此要介紹的是最不會浪費材料，也不會影響到強度的簡單方法。

刃口變大的鉋刀。與上面的照片比較起來，很明顯刀鋒與鉋台的空隙變大了。能修正這種磨耗，再繼續充分使用，也是鉋刀的真髓所在。

填補刃口的目的與方法

填補刃口的理由

平鉋基本上是用來調整誘導面的工具。會使用台直鉋或刮刀等，反覆無數次削去誘導面，刃口也會在每次調整時都跟著變大一些。

刃口變大了，會較難克服逆紋，或是拉刨時變沉重，沒有什麼好處。

為了變回原本狹窄的刃口，要進行填補刃口的作業。

填補刃口的種類

要填補刃口有幾種不同方法。最具代表性的，有誘導面補貼片的方法、插入封邊木條的方法，以及進行部分性填補等方法。

誘導面補貼片的方法，因為可以恢復鉋台的厚度，對於解決放入刀片時過鬆問題是有效的方法。沿著鉋膛以及排屑稜的邊線貼上橡樹薄板，讓薄板能夠貫穿就完成，比較起來是屬簡單的作業。

接下來，是插入封邊木條的方法。這個方法的優點，是將填補刃口的木材進行鳩尾榫接加工之後插入，再以螺絲做固定，若下次刃口再次變大，只要鬆開螺絲再次往深處插，並做固定，就可以將刃口縮小。只不過對鉋台與填補刃口的木材進行鳩尾榫接加工，要做到毫無空隙，是需要時間與技術的。此外，長年使用之後，填補刃口的木材勢必有變鬆的傾向。

在這裡要介紹的部分性的填補刃口，比較起來加工相對簡單，用來填補刃口的材料也較少，而且木紋相合，優點是較不會產生變形。

刃口被填補過的鉋刀。

左邊：部分性地填補過刃口的鉋刀。使用相同材料、採相同木紋方向來填補，外表上跟沒填補過刃口的鉋刀差異不大。因為木紋相同，也較少產生變形。

中間兩把：插入封邊木條的鉋刀。分別是鉋背在上與誘導面在上的角度。立面的部分由鉋背至誘導面穿有填補刃口的木材。沒有使用黏著劑而是用螺絲來固定，刃口又變大之後，只要鬆開螺絲，往誘導面方向往下插就可以做修正，但木紋成直角相交，季節變換後可能會產生段差。

右邊兩把：誘導面補貼片的鉋刀。相較起來修正較簡單，而且符合目的。多使用於填補小鉋刃口，而不使用於寸八鉋刀，或許是因為較難取得大面積的橡木材。此外，因為要使用黏著劑，會給鉋台帶來水分，會產生較大變形。

填補刃口的步驟

接下來，就來介紹部分性填補刃口的步驟。

如同照片②一樣，要準備與鉋台相同材料的木片，這裡使用的是白橡木。如果想要增添藝術感，也可以使用紅橡木、紫檀或黑檀。

只不過因為這裡會產生磨耗，務必要使用較硬的木材。此外，如果要使用黑檀等顏色較濃的木材時，會有出刃時難以看清楚的缺點產生，必須特別留意。

用於填補刃口的材料，要先切成與刃刃相同的寬度。厚度先測量排屑稜的高度後，切得比此高度厚一些。長度（木紋方向）因為需要某種程度的黏著面積，要切出10至15mm的程度。

配合刃口填補位置放上木片，在鉋台上要挖鑿處畫線做記號。

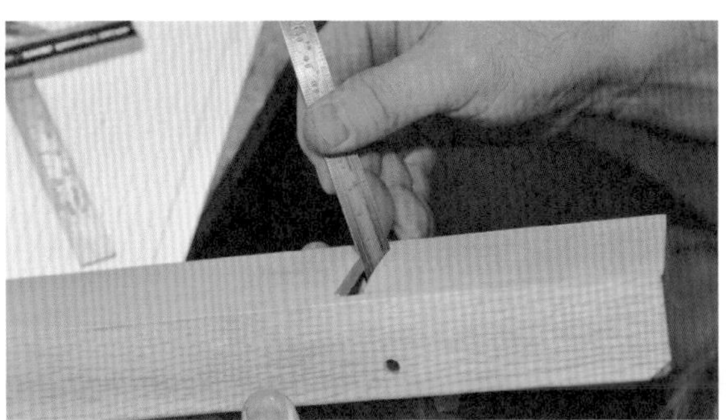

①測量排屑稜的厚度。填補刃口的木材，最少須做出與刃口相同的厚度。

②要正確地削切填補刃口用的木材，配合該木片的大小來畫線做記號。

因為希望能正確地做記號，會使用白柿來畫線，但這樣一來，使用修邊機削切時會看不清楚，所以要在白柿劃的線往內0.5至1mm處，以鉛筆大致畫出要削去的線。

讓修邊機的刀刃往外延伸至要削的深度為止，削到以鉛筆畫的線內側為止，但不要一次就削掉，分兩次切削會比較安全。照片是只以修邊機來削切，如果作業要慎重地進行，也可以在修邊機邊上放上當成治具的定規，以固定夾固定之後來削切。

修邊機沒有辦法削到的角落或底部，要用鑿刀整齊地修掉，再將填補刃口用的木材以玄能鎚敲打至可勉強放入的大小。

接著，塗上木工用白膠，放入填補用木材，以固定夾確實地做固定，等4至5小時變乾燥。

只不過，如果是浸過油的鉋台留有白膠，有可能無法發揮作用。這時要用稀釋劑來脫脂，並請用環氧樹脂的白膠來做黏著。

削去刃口的步驟

確定已經完全乾燥之後，首先，用鉋刀削去誘導面凸出的部分，削成與誘導面相同高度。在中途放進刃片，刃鋒會碰觸到的部分，至壓溝的延長線為止（照片⑮，用筆指著的部分），都是要削去的部分，先確認大概的線。

為削切排屑稜，要擺上75°的治具，畫上削切線，以鑿刀粗略地削掉。最終修整要使用治具，謹慎地將排屑稜修整完成。

也要由鉋背方向確認填補的木片，如果有干涉到壓溝，要以鑿刀削去。刃口有開1mm就算完成。

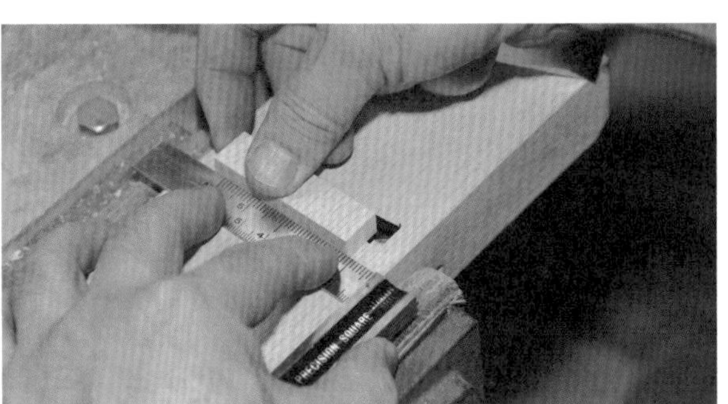

③將填補刃口的木材擺放在實際要填補的位置，以直角尺測量，決定畫線做記號的位置。

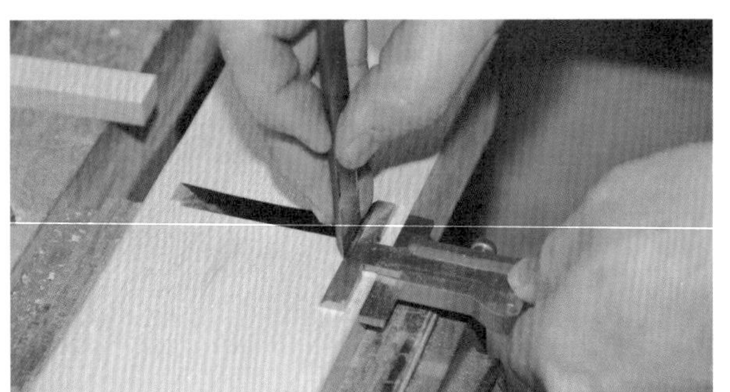

④用白柿來畫線做記號。在刀片寬度方向做記號時，如果有畫線儀會很方便。

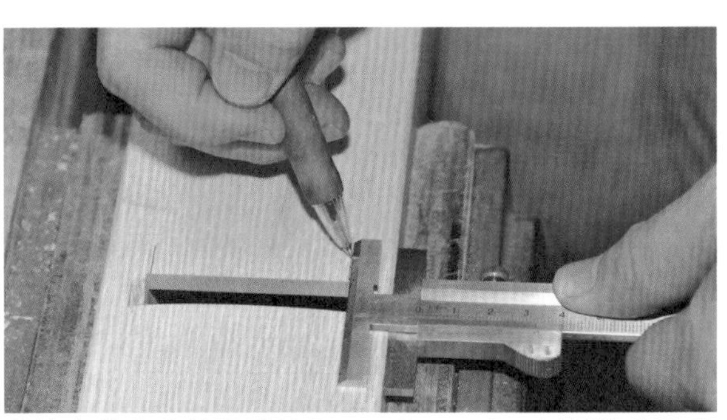

⑤比白柿畫出的記號往內0.5至1mm處，以鉛筆大致畫出之後要削切的線。

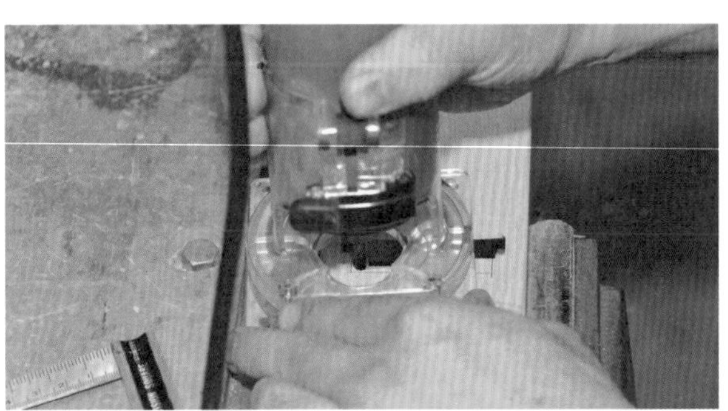

⑥將鉛筆線的內側以修邊機謹慎地削去。為避免超出線外，也可以使用治具。

⑦修邊機削不到的角落，以及白柿畫下的線無法削去的部分，要用鑿刀削去。

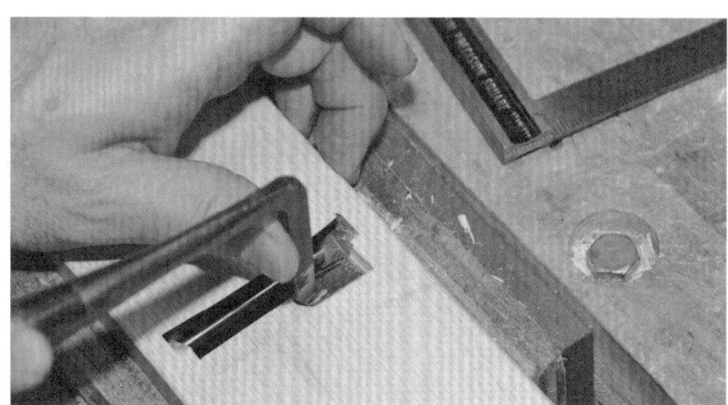

⑧底部的角落有鉋台用鏝鑿，清除時會很方便。如果沒有，就用刀幅小的鑿刀慢慢削去。

⑨以玄能鎚敲打填補刃口的木材，調整至可勉強放入刃口的大小。

⑩在洞的整面都塗上木工白膠，放入填補刃口的木材。

⑪以固定夾做固定。可以的話，要由左右兩方固定住。照片上沒有，但可以將木楔打入刃口。

⑫白膠乾燥後的填補刃口木材。要將凸出的部分留下來。

⑬由誘導面凸出的填補刃口木材。首先，要將這個凸出部分用鉋刀削去。

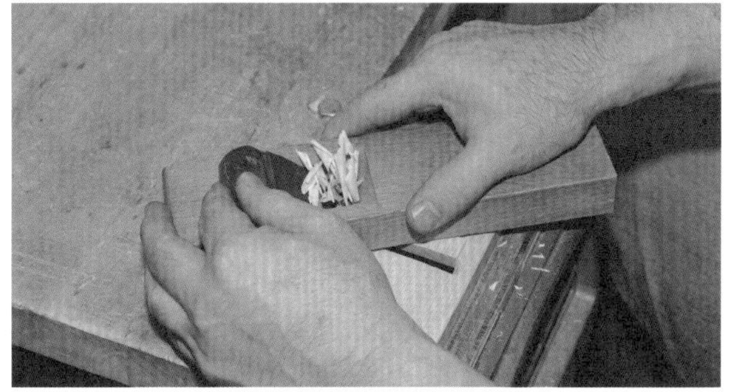

⑭因為要削去的面積很小，小鉋會較方便使用。照片裡是整理誘導面時也使用過的小鉋。

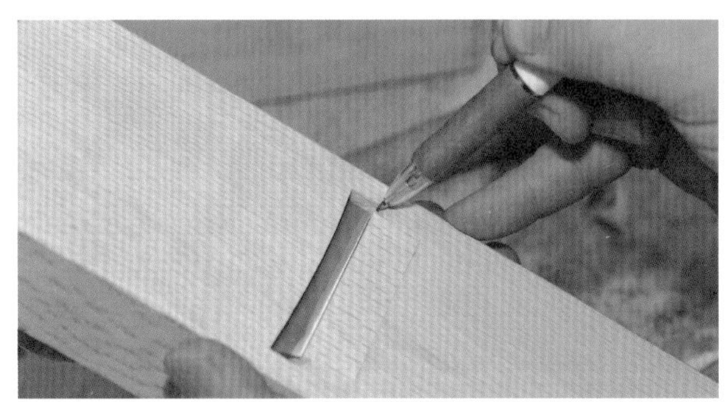

⑮確認將刀片放入至中途的位置，會與填補刃口材接觸處。

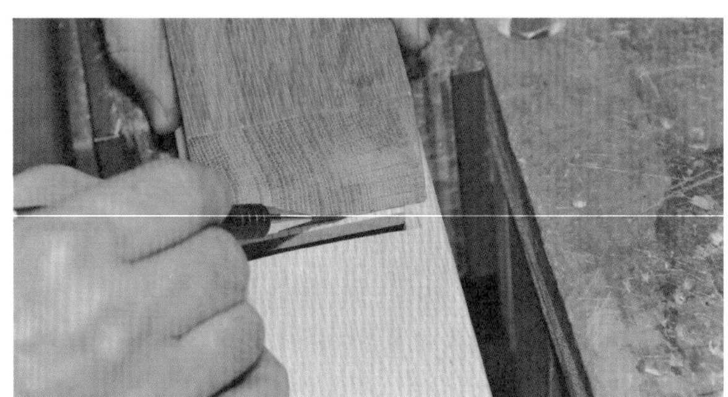

⑯擺上75°的排屑稜治具，在要削去的部分畫線做記號。

⑰一開始用鑿刀粗略地挖削。

⑱靠近畫線記號之後，要將鑿刀靠在治具上慎重地削除。

⑲如果有接觸到壓溝的部分，也要用鑿刀削去。

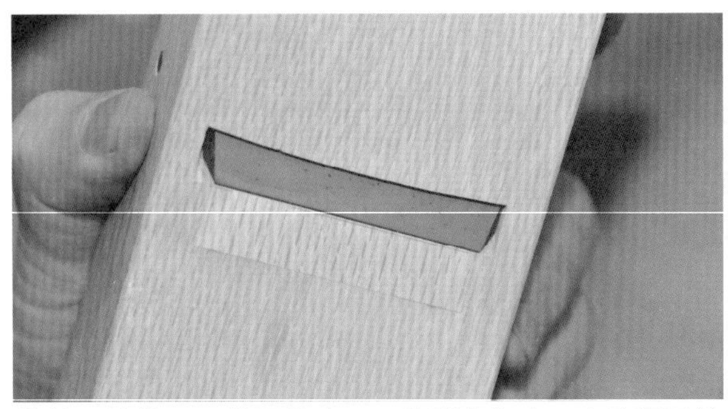

⑳將刀片推入至快要凸出刃口的邊緣為止，來確認最後修整時要削去的範圍。

㉑最後的修整要使用治具，削出微量刨屑即可。

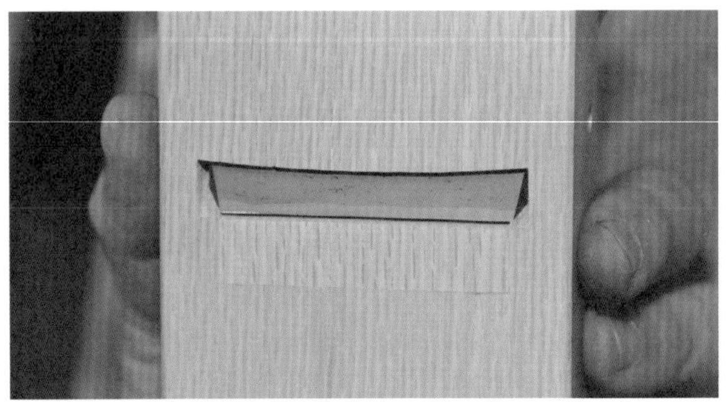

㉒完成。刃口可以馬上就整理好，只要能習慣這項作業，就不會對整理鉋台產生抗拒。

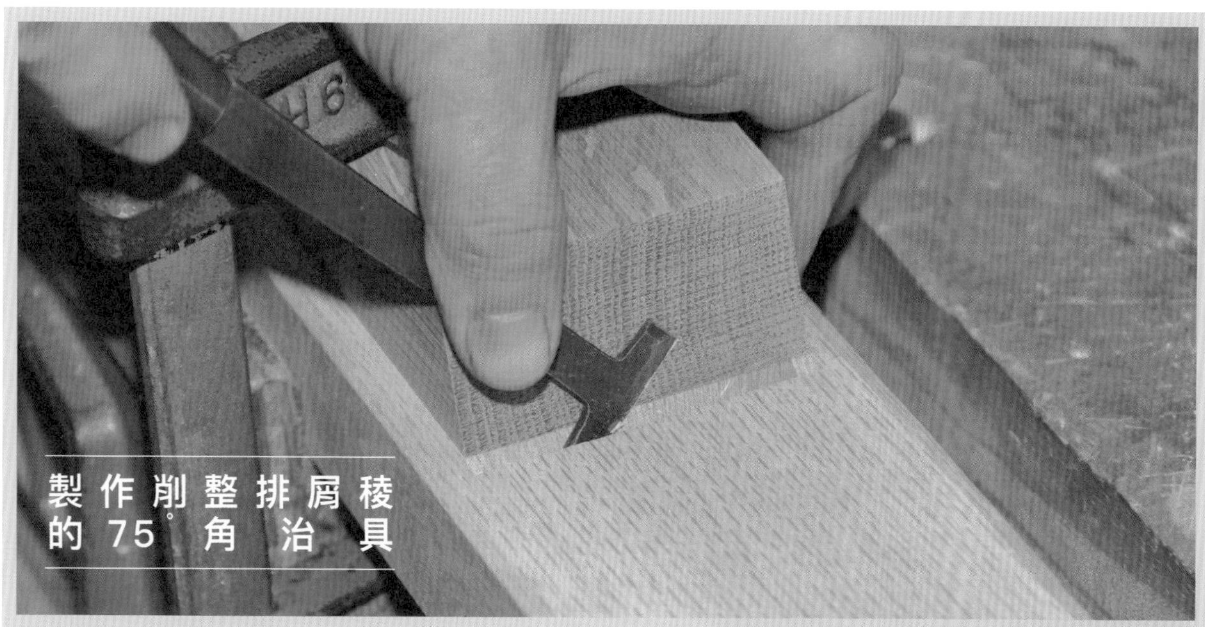

製作削整排屑稜的75°角治具

在整理鉋刀時必須進行的「排屑稜的調整」，或填補刃口時為讓排屑稜與填補刃口材能夠削齊，都會使用「75°的角度治具」。這個「75°的角度治具」並不是市售商品，必須自己製作。所有作業的最基本原則，就是「市面上沒有販售的東西就自己做」。手工具是買來使用的——這種感覺或許深入人心，但以木材來製作手工具，也是一種木工工作。製作出能產生獨特情感的手工具，並且去感受使用的喜悅吧。

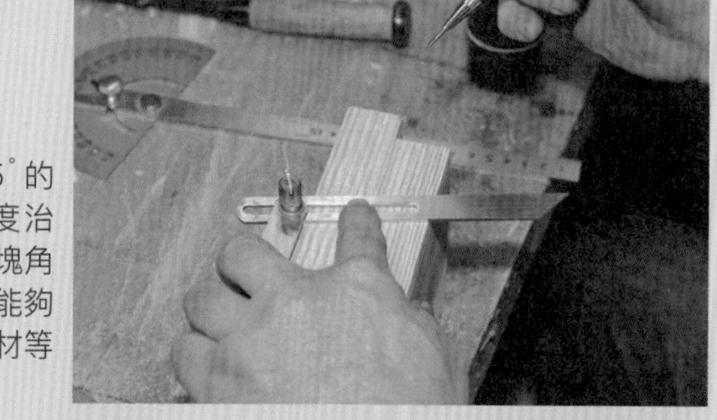

①首先，要製作能做出「75°的角度治具」所需的「角度治具」。使用斜角規，在兩塊角材上標75°的記號。為了能夠簡單加工，要使用針葉樹材等材料。

②沿著記號用鋸子切割。為避免切成斜角，要在所有面上都畫線做上記號。

③一邊確認整體，一邊以鋸子謹慎地切割。事先準備長一點的材料，失敗了還可以再切短幾次，當做是練習，直到能順利切割為止。

製作自製治具

伴隨木工作業而來的，就是「自製的工具」。不限於手工具，使用電動工具時，也是為了能夠正確進行切斷、加工的必需品。

要調整鉋刀時，「75°的角度治具」是非常活躍的工具。在59頁的「關於排屑稜的角度」中也有提到，排屑稜的角度並非一定要剛好75°。那一頁寫的是可以按照喜好設定在75°至80°之間。換個思考方式，只要控制在75°至80°之內就好，也就是比起角度的細微差異，要多注意的是必須做出保持相同角度的面。

如果有檯鋸或圓鋸台，製作起來會比較輕鬆，但擁有這兩樣設備的業餘者應該很稀少吧。

在這裡要介紹僅使用手工具來做加工的工程，但如果手邊有電動工具可以使用，只要注意安全，也請下工夫加以使用。

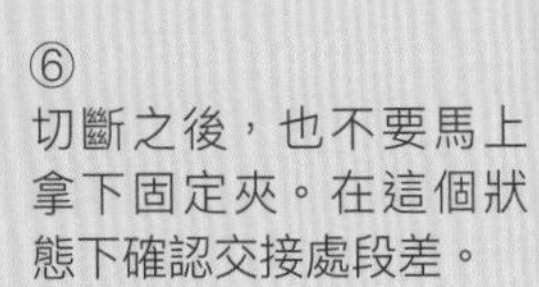

製作用來製作治具的治具

實際上用來切斷的工具是鋸子。用來做治具，則要選擇橡樹等不容易變形的材料，畫上75°的線作記號。或許具備切鋸功能，不過能夠正確地製作治具，需要相當的技術。

因此，首先要製作的是為了將治具切割為75°的「角度治具」。選擇針葉樹材等比較容易切斷的材料，以固定夾將兩塊夾住，以斜角尺畫上75°的線記號。

④
正確地切下「角度治具」後，確認所有面的角度，如果沒有錯誤，就夾住用來製作「75°的角度治具」的材料，以固定夾做固定。

⑤
在「角度治具」的斷面上擺上鋸子，切斷製作「75°的角度治具」的材料。準備長一點的材料，才可以多重複幾次。

⑥
切斷之後，也不要馬上拿下固定夾。在這個狀態下確認交接處段差。

⑦
「75°的角度治具」的切口稍微凸出了一些（交接處段差），因為以「角度治具」夾住了，所以可用鉋刀來做修正。刨削中間的治具就好，只要削到與兩側同樣高度，就會削不下去。這樣一來基準面就完成了。

⑧
用一枚刃鉋刀或小鉋來清除交接處段差。注意不要削切到夾住的治具。

就算斜角尺的角度稍微不準確，只要確實地固定住，到最後都能夠維持那個角度就沒有問題。但若是「角度治具」的切斷面沒有完全按照畫的記號線來切割，就無法正確地切出「75°的角度治具」的切口。因此，要先切看看，只要有任何稍微偏離了記號線的部位，就不要猶豫，立刻重新畫線，無論重複幾次，如果有凹凸不平就用鉋刀削去。

漂亮地切斷之後，在這兩塊木材之間，將要用來製作「75°的角度治具」的材料，以稍微凸出的狀態夾住，用固定夾做固定。這個凸出的切口，要沿著一開始切斷的「角度治具」的切口，用鋸子來鋸掉。

因此，最重要的是，為了製作「75°的角度治具」的「角度治具」的準確度。這個治具的斷面如果歪斜了，75°的治具斷面當然也會變歪斜。

由「角度治具」夾住來切斷的「75°的角度治具」，也不一定會絕對正確地被切斷。

照片⑦中稍微產生了段差。但這次不需要重切，只要在固定夾夾住的狀態下，以鉋刀清除段差，直到與「角度治具」的面相同高度。治具的兩側有面積很大的基準面，比起只有治具，可以更加正確地做削切。

完成了之後要以斜角尺來測量，看是不是所有面都是相同角度。

⑨
乾淨地清除了段差。整理至這個狀態之後，就可以拿下固定夾。

⑩
以斜角尺來測量，將尺由前方往後滑動，確認是否有空隙。

⑪
將治具放在平鉋的誘導面上，以固定夾固定，實際上切切看排屑稜。

⑫
以大拇指好好壓住口切鑿刀，進行鑿切。將可以知道這個面的重要性。

⑬
製作完成的治具。根據用途，治具也會陸續增加，別忘了標上角度。

調整台直鉋

芳樂　製作「技」42mm

也被稱為立鉋。是用來調整鉋台誘導面的鉋刀。以前會使用磨耗後的鉋刀刀片來自行製作，但在鉋刀使用次數不至於多到讓刀片產生磨耗的現代，購買市售的商品來使用已經成為主流。

台直鉋的整理

要整理平鉋時，真的會有各式各樣的工具登場。台直鉋是其中最具代表的一項工具。雖然是用來整理平鉋的工具，但同時因為也是鉋刀，本身也是需要整理。

台直鉋的特徵是為一枚刃的鉋刀，以及刀片是垂直、或幾乎垂直地插入鉋台這兩點。

因為使用方法是類似刮刀，所以才會是這種形狀，不過畢竟是採用了木製台座的工具，是不可能購買後就可以直接使用。

首先，要先了解台直鉋的狀態，將它調整為方便使用的工具。

整理的步驟

參考平鉋的步驟

無論是台直鉋還是平鉋，基本上整理的步驟都是一樣的。按照38頁「認識鉋刀的整理及步驟」的流程來進行調整，不需要的工程就跳過。

將台直鉋買回來之後，刀片有可能會插得非常緊。跟平鉋的時候一樣，先將刀片拔起再輕輕插入，確認刀片的情況，再來看看鉋台的狀態。

像照片1這樣前後移動，是因為紅圈記號的部分太緊的緣故，可以推測那裡成為了支點。

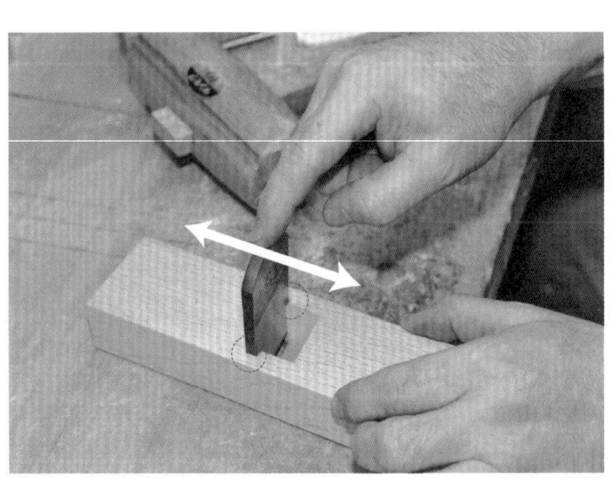

1.
刀片隨箭頭方向移動，大多數的情況是紅圈處成為了支點。

要將刀片拔起來做確認，但若刀刃是很緊的狀態，敲打鉋台再將刀片拔起，鉋台的鉋背將會因此傷痕累累（照片2）。如果用木槌來敲打會好一些，但是被敲打到的部位還是會凹陷。

台直鉋要退刀時，像照片3一樣在作業台上敲打鉋台的鉋背，刀片就會慢慢退下來。但是為避免退下的刀片掉落，要用手來接住，但請注意別受傷了。

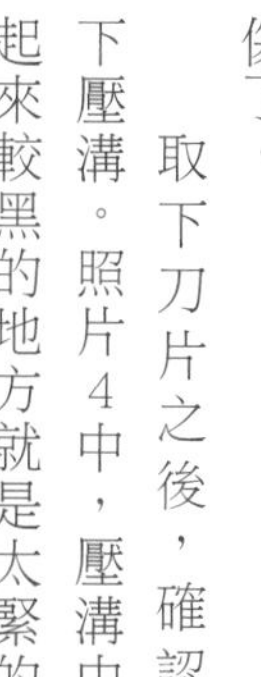

取下刀片之後，確認一下壓溝。照片4中，壓溝中看起來較黑的地方就是太緊的部分，可理解這裡成為了軸心，讓刀片因此產生前後移動。

首先，將溝中的黑色部分削去，使這裡能接近刀片逐漸變細的形狀。刀片雖是直立的，但基本的作業與平鉋相同。

將刀鋒的寬度與刃口的寬度比對看看，確認刀鋒沒有卡在壓溝中。如果卡住了，刨屑將會堵塞在那裡，要以研磨機磨去刀耳的部分，讓刀寬能與刃口寬度相同。

接下來，打出鋼面↓研磨鋼面↓研磨斜刃面為止的工程，都與平鉋相同。

2.
因為台直鉋的刀片幾乎是垂直放入的，若以玄能鎚敲打則要像照片一樣，左右兩邊輪流敲打。如果鉋台處於太緊的狀態，敲打這裡將會敲傷鉋台，因此並不推薦。

敲打這裡

3.
當鉋台太緊時，讓誘導面朝上，在桌上咚咚咚地敲打，刀片也會退出。這時為避免刀片掉落，要用手去接住刀片。

4.
看一下壓溝，可看見接近鉋背留有很深的刀片痕跡。要將這裡削掉，讓壓溝接近刀片漸細的形狀。

5.
要讓刀鋒不會卡在壓溝。因為是一枚刃，要由鉋背起沿著壓溝畫線做記號。以研磨機去刀耳的作業與平鉋相同。

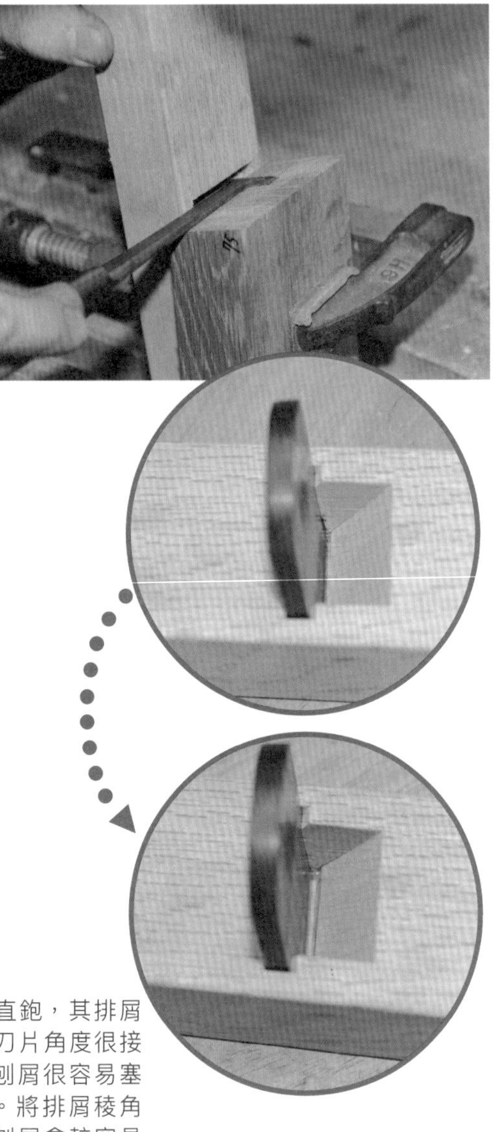

6.
排屑稜的調整，要將使用平鉋時的治具反過來使用。

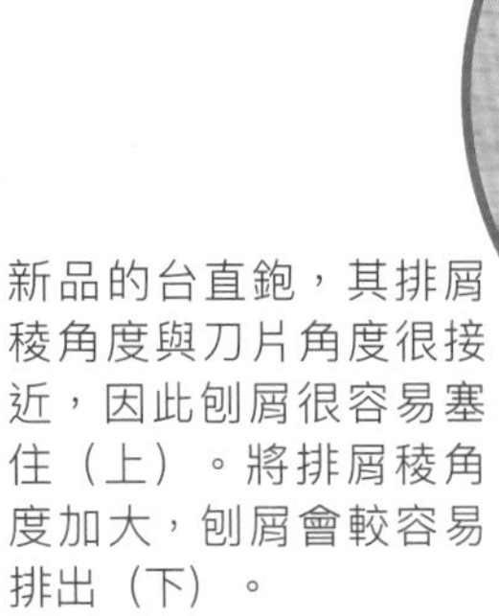

新品的台直鉋，其排屑稜角度與刀片角度很接近，因此刨屑很容易塞住（上）。將排屑稜角度加大，刨屑會較容易排出（下）。

圖 1. 台直鉋的排屑稜

新品的台直鉋刀片很容易會塞住刨屑。

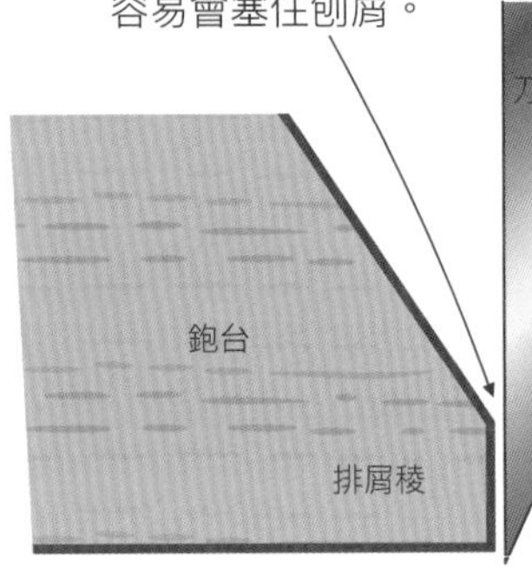

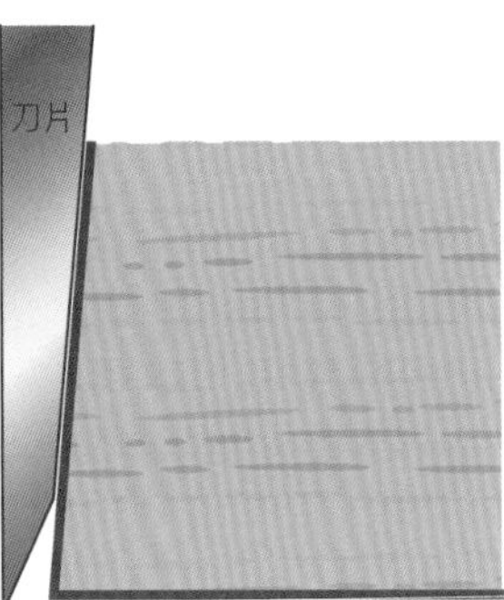

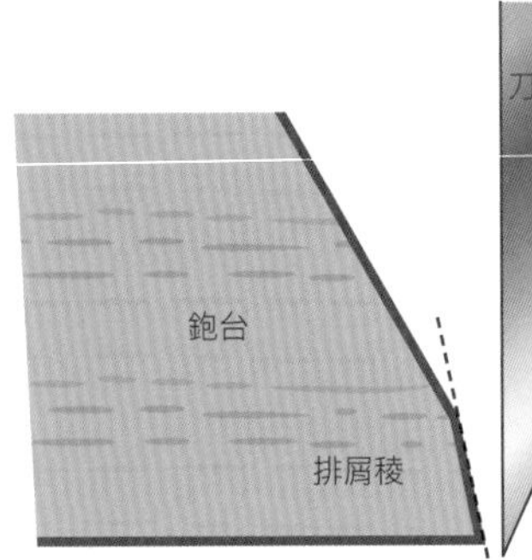

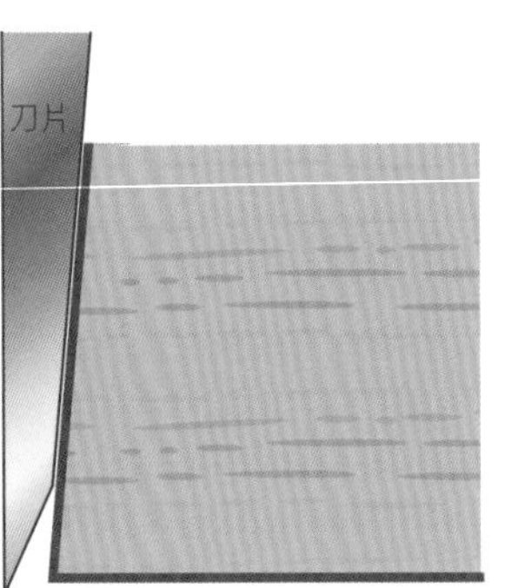

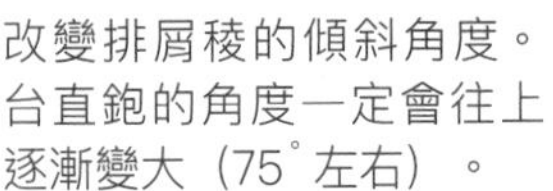

改變排屑稜的傾斜角度。台直鉋的角度一定會往上逐漸變大（75°左右）。

因為是一枚刃，刀片研磨完成之後，接下來就要進行鉋台的整理、誘導面的調整。

這個工程跟平鉋的刀片進行程序一樣，但接下來排屑稜的調整方法，則稍微有些不同。

治具要拿顛倒來使用

台直鉋的刀片幾乎是垂直插入的，因此排屑稜的角度與平鉋不同。像圖1一般，剛買來沒有整理過的台直鉋排屑稜，是製作成幾乎與刀片平行的狀態。如果不調整刨屑，將會難被排出，也可能會塞住。

因此要調整排屑稜，改善刨屑的排出。所以，製作平鉋排屑稜的「75°的角度治具」，在這裡要上下顛倒來使用，加大排屑稜的角度，讓刨屑容易排出。

誘導面的平面整平

接下來，要調整誘導面。為了整理台直鉋的誘導面，需要使用台直鉋。但到底需要幾把呢？這是常見的疑問。的確，如果能擁有數把，調整起來或許會比較輕鬆，但比起買台直鉋，更想要的是收集其他工具，因此這裡僅使用砂紙與刮刀來做調整。

首先，在玻璃板上貼上＃120的砂紙，在上面來回摩擦幾次鉋台的誘導面，將面整平。用砂紙來研磨，剝落的顆粒將會陷入誘導面裡，因此要事先讓顆粒剝落（參考89頁）。

接下來與平鉋不同的是，要將照片9中A至B之間、C至D之間磨掉。比起平鉋要磨掉的量稍少。以刮刀刮去幾次，能夠稍微透光就OK了。

拿下端定規測量看看，C與D的部分留下5㎜左右，能夠確認有稍微透光的狀態，誘導面的整理就結束了。A至D要調整為相同高度。

配合刀寬來削掉邊緣

接下來，要將誘導面的邊緣削成斜角，也有一開始就製作成帶有段差的商品。這種情況就不需要進行此程序。

邊緣要削掉的寬度，是至刀鋒寬度的位置為止。要將這裡削掉有幾個理由。

7.
在玻璃板上貼上砂紙，將誘導面整平。最好能準備厚度為1cm以上的玻璃板。刀片放進之後鉋台會膨脹，因此，務必將刀刃推至幾乎要凸出誘導面的狀態。

8.
除了誘導面的鉋頭與鉋尾側的刃口下方，以及鉋尾部分，其他地方要以刮刀削除。削去的量只要一點點就足夠。也可以用小刀刀片裝上木頭的把手來代替刮刀。

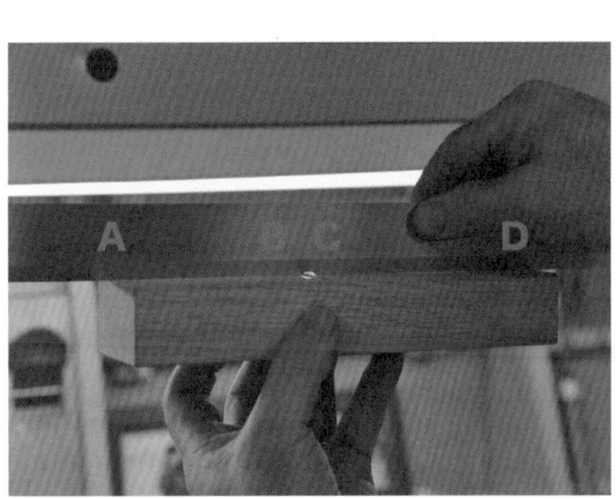

9.
拿下端定規測量，確認透光的情況。因為比起平鉋，削掉的量較少，只要稍稍有透光即可。

10.
將誘導面的邊緣削成斜角。削去的寬度要配合刀片寬度，因此要先在誘導面上做上記號。為避免雙方的刀片產生碰撞，要先拔出台直鉋的刀片。

一是因為是削到與刀片寬度相同的位置，該點就成為刀鋒兩角的記號；還有就是要刨削平鉋鉋頭側的誘導面（有包口）時，可避免刃口邊角的部分與台直鉋的誘導面產生碰觸。

平鉋靠近鉋頭側的誘導面上，是鉋膛受到刀片壓力而產生膨脹的部分，因此這裡必須要削低。刃口靠近鉋尾側是與下端定規會接觸到的部分，相反地，不留高一點不行。

因此，台直鉋的誘導面如果刀幅的位置不是斜面（或段差），而平鉋刃口靠進鉋頭側部分，台直鉋的誘導面雖然只有些微程度，但是會呈現懸空狀態（照片11），這裡如果不削低，將會變成整理好的鉋刀無法刨削的原因之一。因此平鉋靠近鉋尾側的刃口，必須不與台直鉋的誘導面接觸到才行。

所以，要削成斜面的角度不需要太大。在這裡大致削成15°就好。

削完之後，台直鉋的整理就結束了。實際用來調整誘導面看看，如果可削出如同照片14一般的刨屑，代表整理得很順利。若是狀態不錯，將會發出刷刷刷的聲音；刀片如果太過凸出，將會發出很大的嘎沙嘎沙聲響。

11.
誘導面如果保持平面，則刨削平鉋的刃口的鉋頭側時，將無法削到刃口的邊緣部分。

12.
台直鉋的誘導面已經事先削成與刀寬相同的斜面，因此，可以削去非常靠近平鉋刃口的部位。

13.
削去至刀片寬度相同位置的狀態。為避免削過頭，要分多次將刀片放進去比對，確認削除的量。

14.
以調整好的台直鉋，試著刨削平鉋的誘導面。像照片這樣有刨屑跑出即可。

關於台直鉋的種類

前面介紹過購買時沒有削去誘導面底邊的台直鉋整理方法，其實，台直鉋的誘導面有好幾種形狀不同的樣式。

每一種刀片的兩角、誘導面寬度，都是相同的。因此，可以看是要選擇符合喜好來做刨削，或是能夠免去整理手續的台直鉋。

誘導面呈現段差的形式。一般的形狀，則是一開始就配合刀寬來製作。

削去了大角度邊角的形式，最近此種形式持續增加中。自己動手削去邊角，要削成這種程度的角度也可以，雖然因此容易看到側面，相對地，鉋台因此變薄、強度也會減低。

去除砂紙的顆粒

要將台直鉋的誘導面整理成平面，使用砂紙是很方便的，但缺點是顆粒會陷入鉋台中。因此，要一開始就將砂紙的顆粒給磨損到一定程度。已經使用過數次的砂紙也可以，但是顆粒會平均剝落的砂紙是不存在的。

在此，要介紹可以簡單又可平均地讓顆粒剝落的方法。這是可將平鉋的誘導面以砂紙來整平時也可以使用的方法。

砂紙用的是＃120。在背面貼有雙面膠成卷狀的商品較方便。

在研磨機的底盤上，以較厚的雙面膠帶（地毯雙面膠帶等），貼上3至5mm左右的合板。

在整個砂紙面上均勻地研磨過。雖然與原本的使用方法不同，但反向思考，這可以將砂紙的顆粒平均地磨掉。即使將顆粒磨掉，也有足夠的力量來整理台直鉋。

導角鉋刀的使用法

「彩華　自由導角鉋刀」36mm
（山本鉋製作所）

36mm是這個種類鉋刀的標準尺寸。會接觸到底部的部分最容易產生磨耗，因此，在前面貼有黃銅。可以削切出相同大小的面，也會使用於木門窗店中不可或缺的45°角面。

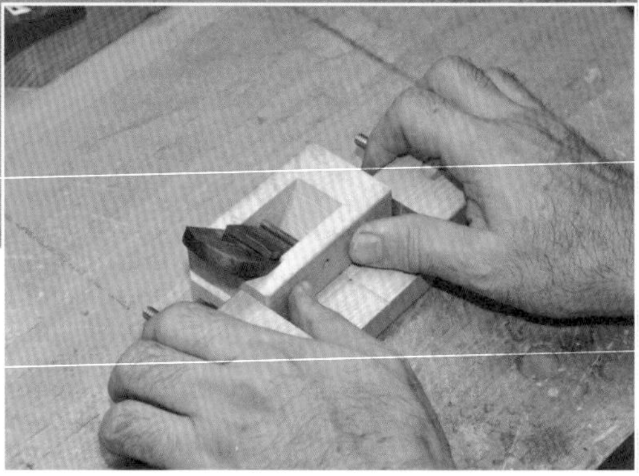

1.
刀片的調整，要先由治具中取下後再進行。將治具由雙手按住，用兩手的大拇指以推壓的方式取下。

導角鉋刀的使用方法

導角鉋刀是能將材料的角削成45°斜角的工具。導角鉋刀的構造，是在擺放材料上保持45°的治具上放入小鉋，可根據治具的螺絲鬆緊來改變刨削面的大小。放入治具中的小鉋與平鉋一樣，會放入筆直的刀片，關於刀片研磨，兩者基本上沒有差別，在這裡僅以使用上該注意的幾點為中心來做說明。

刀片的調整要在放入治具之前進行

導角鉋刀在調整刀片的進退時，要在放入治具之前先進行。基本上，不會於放入治具

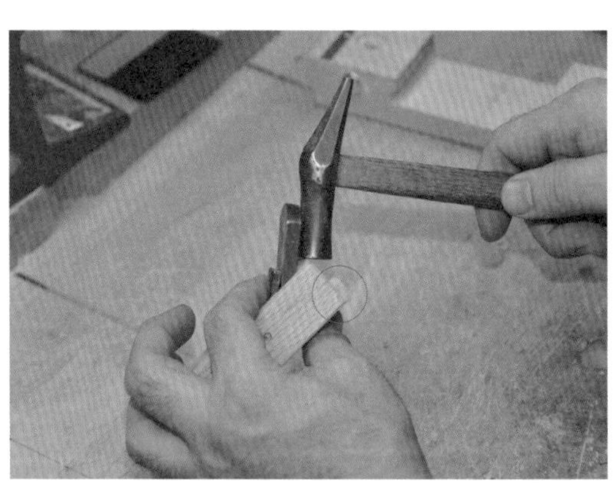

2.
要放入刀片時，要配合刀片的角度敲打鉋台的角。若敲打到有○記號的地方，與治具的固定程度將會變鬆，要注意不要敲打到。

3.
退刀的方式與平鉋相同。

的狀態下敲打治具的頭部。要在由治具上取下的狀態下先調整刀片。退刀時要敲打鉋台的鉋頭，但要進刀時，必須注意不要敲打到會放入治具中的部分（照片2）。這裡一旦破壞了，就無法緊密地固定於治具中。

刀片凸出至必要的位置之後，在放入治具前要先試刨看看，確認刨屑的出法。

治具的誘導面成90°是很重要的。要準備已經刨成直角的角材，來確認角度。如果需要修正，要在角材的單面上貼上＃120的砂紙，刨削治具的誘導面來做調整。

研磨要在刀鋒全部使用過後

完成以上步驟之後，接下來，就要將鉋刀放入治具中開始使用。要削去面的寬度，由治具螺絲的鬆緊程度來做調整。此外，刀片能用到的只有由治具中凸出的寬度部分，如果磨鈍了之後就要改變鉋刀位置，將刀鋒每個部分都使用過後再來研磨，以避免浪費。

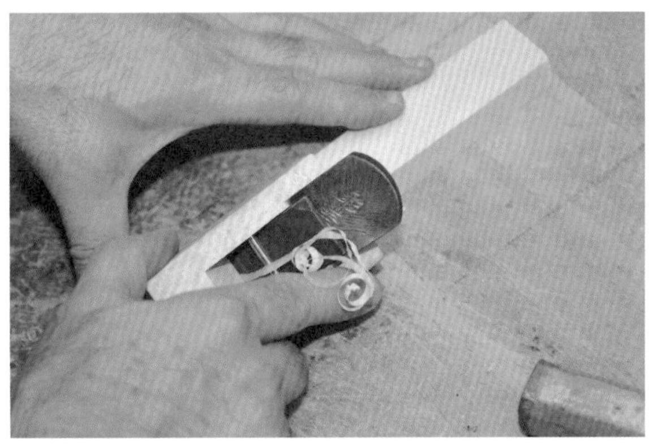

4.
在放入治具之前先確認刨削的狀況。在這個階段要先完成刀片的調整。

5.
治具的誘導面是否呈90°，要由已磨出直角的角材來做確認。如果需要做修正，要在角材的單面上貼上砂紙，刨削誘導面以做調整。

6.
完成以上步驟之後，就要將鉋刀放進治具中。以螺絲的鬆緊程度來調整削去的寬度。

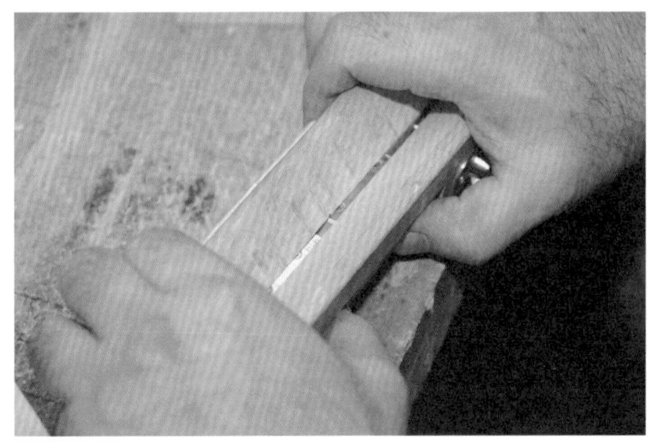

7.
實際上，刀片能被使用處，只有由治具中凸出的些微部分，所以如果不銳利了，需要改變鉋刀位置，讓刀鋒的每一個部分都能使用到。

調整斜口鉋

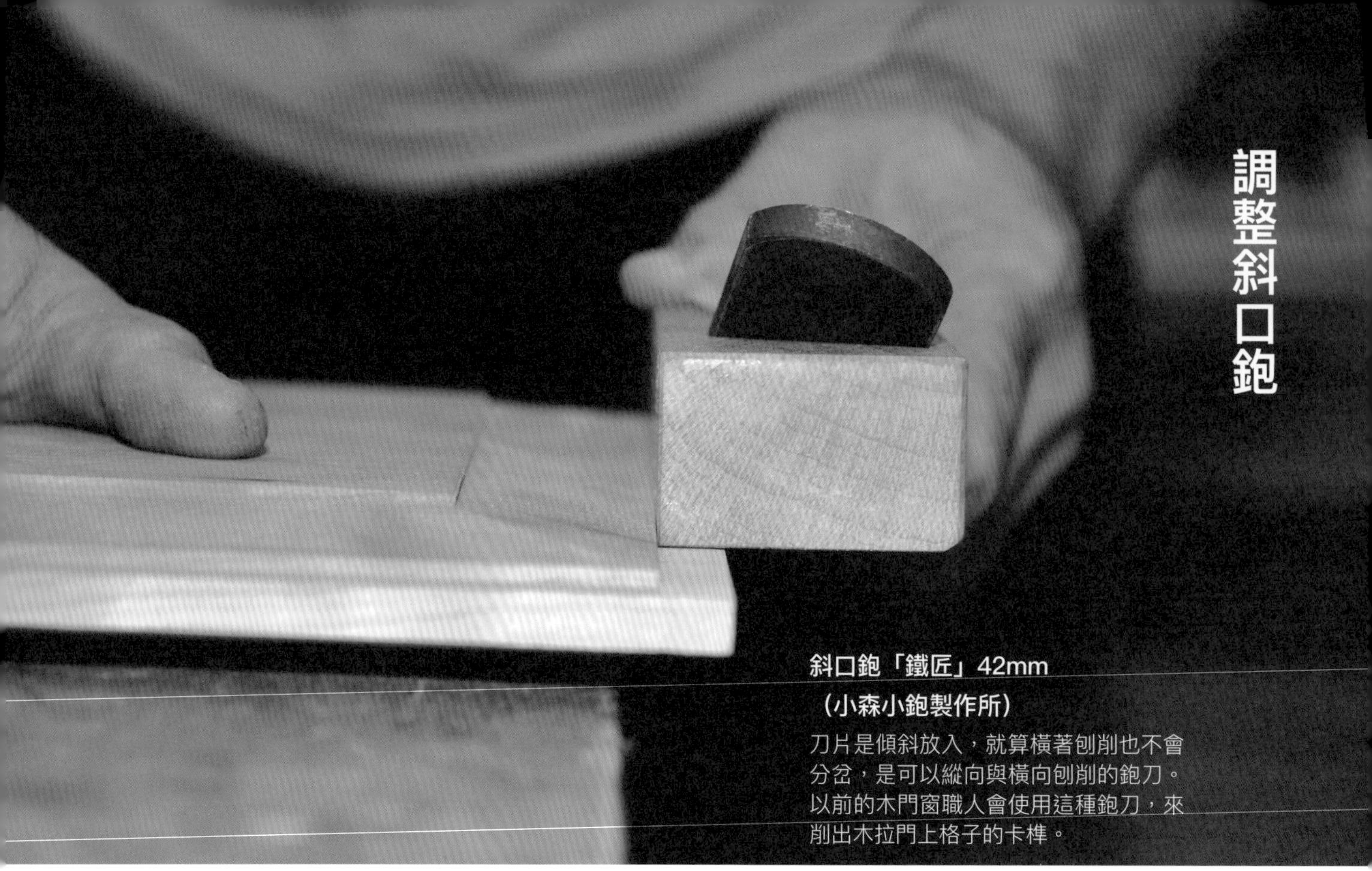

斜口鉋「鐵匠」42mm
（小森小鉋製作所）

刀片是傾斜放入，就算橫著刨削也不會分岔，是可以縱向與橫向刨削的鉋刀。以前的木門窗職人會使用這種鉋刀，來削出木拉門上格子的卡榫。

斜口鉋的整理方法

左右為一組的鉋刀

斜口鉋用來刨削平鉋所刨削不到的凹角等。此外，因為刀片是斜著放入，也可以由木紋的橫向來進行刨削。由於對逆紋的處理，以及作業性的理由，左右各一把為一組。標準的使用尺寸多為36mm與42mm。

斜口鉋調整的困難在於，刨削材料凹角接觸到誘導面邊角這一個點上，鉋台的壓溝、刀片，以及壓鐵都要對齊，而且刃口的線、刀片和壓鐵的前端，也必須是平行的。

1.
將刀片與壓鐵較銳利那一個角對齊，放進鉋台中。

2.
在放入鉋台的狀態中，將刀片與壓鐵重疊的位置＝壓溝開始的位置，用奇異筆做記號。

刀片要在放入鉋台前先做調整

如果跟平鉋一樣，先依照刀片、壓鐵的順序做研磨，再分別完成鉋膛的調整、誘導面的調整，有可能發生刀片與壓鐵的角會對不上、或刀片無法平行地由誘導面凸出等情況，這樣一來，或許有可能必須重新研磨好不容易研磨完成的刀片與壓鐵。

因此，斜口鉋完成刀片鋼面研磨之後，在研磨斜刃面之前，鉋膛等要先進行將刀片放入鉋台時的調整。這樣一來，就算刀片沒有平行地凸出，也可藉由斜刃面的研磨來做調整。當然研磨過後也可能做調整，但會變成做兩次工，浪費時間與勞力。

壓鐵的研磨也一樣。削去鉋台後再調整，萬一失敗要修復，將會變得困難。首先，要將刀片放進鉋台中，研磨壓鐵的斜刃面之後，再進行壓鐵鋼面的研磨。

在這裡要確認鉋台、刀片、壓鐵的角是否對齊，更重要的是，要確認刀片是否平行地凸出，再進行鋼面的研磨，以及磨出第二斜刃。

決定好每件事情的步驟，

3.
將刀取出來，在做上記號的位置上讓刀片與壓鐵重疊在一起，若是刀片的寬度較寬，在那位置做上記號。

4.
拿起重疊的壓鐵，可以看到刀片的鋼面用奇異筆畫上的記號。位於這記號外側的刀耳部分，要以研磨機磨掉。

5.
以研磨機磨去刀耳的訣竅與平鉋相同。

6.
研磨鋼面。工程與其他刀刃相同，是只要明白基本原理就可以進行的作業。

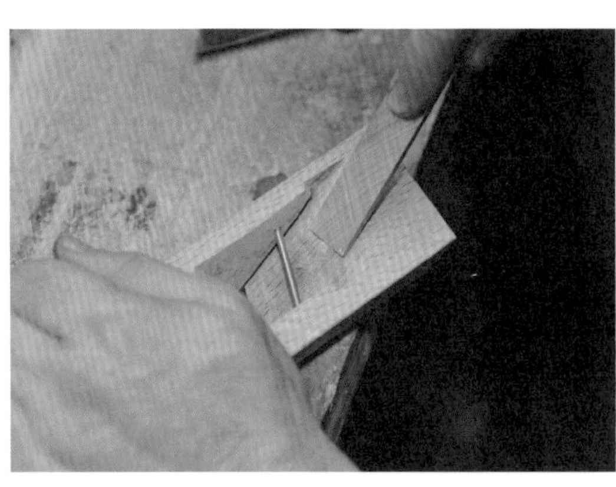

7.
在研磨斜刃面之前，要先調整鉋台的鉋膛。概念是與其分開整理刀片、壓鐵、鉋台，不如先整理鉋台，再讓刀片來配合鉋台。

讓調整能夠變簡單。最後，要讓刀片的角與鉋台的凹角的側角能對齊，進行鉋台木端（側面）的調整。因此，要將完成研磨的刀片放入鉋台時，將刀片的角與鉋台角能對齊之前，鉋台的側面要留下足夠削去的空間來做調整。

確認刀片與壓鐵的重疊狀況

8.
壓溝的調整，要帶著刀刃凸出那一側（下方）較緊、上方較鬆的意識來做削切。

首先，要進行刀片的鋼面研磨。將刀片與壓鐵重疊在一起，在重疊的位置上做記號，讓銳角那一側對齊，在刀片比壓鐵凸出部分做上記號，用研磨機將刀耳削去（93頁照片5）。

接下來，要研磨鋼面，工程與平鉋的刀片相同。但是平鉋的狀況，如果接觸不到鋼面

9.
確認刀片的角位距離鉋台側面內側約0.5至1mm的位置，並確認在此狀態時，刀片的前端是否與刃口呈平行。

背面，有時會進行打出鋼面的步驟；斜口鉋的刀片要打出鋼面時，銳角的刀鋒愈靠近邊角，就愈容易被打碎，需要特別小心。如果沒有自信就不要敲打，在刀鋒能接觸到前先研磨鋼面，較能降低風險，比較安全。

若是平鉋的情況，接下來要研磨斜刃面；斜口鉋則在研磨前要先調整鉋膛。這個本書一開始也提過，當把刀片放入、讓刀片凸出誘導面時，刀片的角不一定會與鉋台的角一致，而且也不一定會與刃口呈平行。

因此，研磨完鋼面之後先決定好鉋膛，刀片由誘導面凸出之後，再配合凸出的狀況來進行研磨，是最合理的。因此，在這裡先不研磨斜刃面。

配合鉋台整理刀片的方法

完成刀片鋼面研磨之後，要調整鉋台的鉋膛。這個作業與平鉋相同，要將刀片的角削成能與鉋台的角對齊，所以，要採取讓鉋膛的外側能稍微鬆一點點的削法。

這樣一來，靠近內側的角

10.
將直尺放進刀片，角會凸出鉋台內的側溝中，確認要削去的範圍。要削去的範圍若太多，則稍微削去內側的溝來做調整。

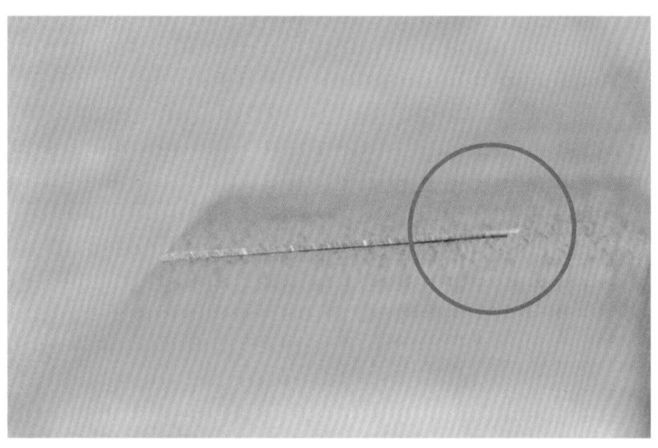

11.
刀片不是平行由刃口凸出的狀態。若是這種程度，可以研磨刀片來做修正，要先記住該磨去多少。

將會較緊，因此以該處為支點，刀片會由外側產生移動，就可以調整為讓刀片無法由內角逃走。

此外，如果壓溝的寬度太緊，不要改變內側，只要削去外側的壓溝來做調整。

試著將刀片放進去看看，如照片9一般，刀片的角能夠位於側面內側約0.5mm至1mm左右是最理想的。這個0.5mm至1mm等於是可用來削去來修正側面的部分。拿直尺測量，如果剩下很多，要將內側的溝中稍微削去一些些（照片10）。

12.
以中間石研磨斜刃面。在這裡要一邊研磨、一邊調整，讓刀片的前緣線能夠由刃口中平行凸出。

刀片前端線如果能由刃口平行凸出就好，像照片11是只有紅圈的地方凸出，刀片對著角的方向往下偏。這種時候若要調整，與其修正鉋台，不如研磨刀片來做修正比較簡單，也不會再增加多餘的麻煩。

要好好記住由誘導面歪斜凸出的刀鋒方向，將刀片多凸

13.
加寬刃口作業。這裡也必須使用治具，用心正確地進行作業。

出的那一側稍微多用力研磨，將斜刃面研磨成可以平行凸出。

研磨完成之後將刃口切削齊（照片13）。由正上方觀察由誘導面平行凸出的刀鋒，要將刃口也削整為平行，但因為斜口鉋刀鋒部分的刨屑容易堵住，要一開始就稍微將刃口切大一點。

完成這步驟之後，接下來，要進入壓鐵的鋼面研磨。步驟跟平鉋的時候相同，鋼面若可以緊密接觸，在這裡要試著將壓鐵放進鉋台裡。如果沒能跟刀片成平行，要藉由研磨鋼面來做調整。這個階段鉋台與刀片的調整已經結束了，讓刀片由鉋台中凸出至可以刨削的狀態，配合刀片將壓鐵放入，讓壓鐵的角與刀片的角對齊，刀片前端線若也能平行，就按照平常一樣研磨壓鐵的斜刃面。實際上，一次就能與刀片

14.
壓鐵的鋼面研磨。作業本身與其他刀刃相同。

15.
完成壓鐵的鋼面研磨之後，要配合刀片一起放進鉋台中。鉋台與刀片已經調整完成，因此要配合兩者來研磨壓鐵的斜刃面。

16.
確認鉋台的角是否與刀片及壓鐵完全相合，也要確認刀片前端線與刃口是否呈平行。

17.
試著將刀片與壓鐵放入鉋台，若確認已經完成調整，就要磨出壓鐵的第二斜刃。這樣一來，可完全不浪費地完成刀刃的研磨。

的角對齊、且刀片前端線也能平行的狀況，其實非常罕見。

這種時候要與刀片一樣，要研磨調整，讓壓鐵可與刀片前端線平行。就像照片16一樣，由刀口側來看，確認刀片的角與壓鐵的角都對齊、刀片前端線也都呈平行。此外，當刀片與壓鐵很難對齊時，就要調整壓樑。完成之後，才能開始磨出壓鐵的第二斜刃。到此刀刃的研磨就算完成了。

誘導面與側面的調整

接下來，要進行誘導面的調整。用斜口鉋來刨削材料的凹角時，不只是誘導面，木端（側面）也需要調整。

這裡也有斜口鉋特殊的須注意事項。在刨削誘導面時，一定要由刀片凸出的角開始，往後拉、做單方向的刨削。如果由相反側開始削，為了削去凹角，鉋台邊角將有可能會缺角、或開岔。要刨削段差角較淺的凹角時，這個鉋角是非常重要的，而且缺角也會影響外表美觀。

18.
斜口鉋在刀片凸出的那一側的凸角非常重要。為了避免不小心讓鉋台的角缺角，要由刀片凸出的側面開始刨削鉋台。

19.
不好的範例：讓刀片凸出的木端（側面）向前，來刨削誘導面。

20.
以下端定規做測量，確認透光的情況。這裡的方式與平鉋相同。

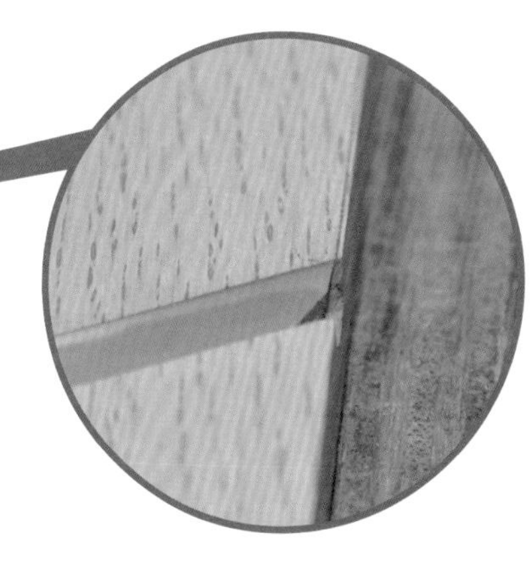

21.
讓刀片伸出至可實際進行刨削的狀態，讓木端與刀鋒角的線對齊，做上記號。刨削至此線為止，木端調整就算完成。

調整工序與平鉋的誘導面一樣，要磨去鉋台的彎曲，再磨低需要磨去的部分。平鉋的誘導面調整請參考64頁。

誘導面調整完成之後，要削去木端（側面），讓刀片的角能與誘導面的角對齊。讓斜口砲的刀片凸出至能夠實際刨削的狀態，在要削去的地方做記號。

97頁的照片21畫的線，是要削去的線。因為要削去的量非常少，要注意不要削過頭。

畫好記號之後先將刀片取下，在這裡也要將壓樑拔下。這是在壓樑長度幾乎要超出鉋台木端時，才需要進行的程序。

在刨削木端時會變成阻礙，要將拔下的壓樑用研磨機磨短，讓壓樑長度可以保持在稍微縮進鉋台內的狀態（照片24）。

完成這些步驟之後，就要調整木端。誘導面已經整理完成，所以有必要配合誘導面來做出直角。記號線為止是要削去的量，但是削去直角時也要隨時留意，因此要搭配使用直角尺進行邊做確認。

要將木端整理為平面時，如果要削去的材料有翹角或較深的凹角，也有必要像誘導面一樣，將需要的部分磨低一點。也就是一邊觀察會妨礙到刨削的部分，一邊做處理。

削到目標線為止，確定木

22.
要刨削木端前，先將刀片與壓樑取下。若壓樑位於為削去木端所做記號的內側，則不需要取下。

23.
壓樑長度如果幾乎快接觸到木端，要取下壓樑，用研磨機磨短。

24.
壓鐵長度不超過木端內側的狀態。一開始如果就在相當接近但不過度凸出的位置，就可以直接進行木端的研磨。

25.
以直角尺確認誘導面的直角。

端與誘導面成直角，整理工作就完成了。

如同照片27一樣，誘導面與木端的交叉線，能與刀片角都對齊，就可以結束刨削作業。

進行試刨，如果不能正確地刨削凹角，就要再整體都確認一次。此外，也有可以一邊試刨一邊處理的事情。如果刀鋒部分會堵塞刨屑，就要將刀鋒處刨屑往上排出的部分用剞小刀等刮削。這時即使只有一點歪斜，刨屑也會如滾雪球般堆阻住，因此，必須刮削成完全沒有凹凸起伏。

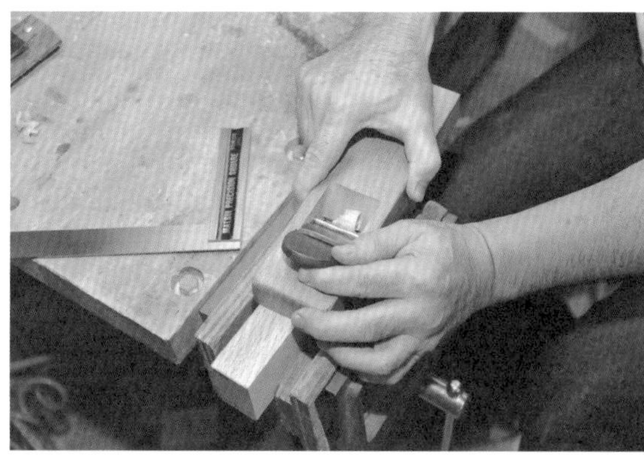

26.
木端的刨削要慢慢地調整，用直角尺來確認是否為直角。最後，要將整個面刨削一次。這個部分不需要像誘導面一樣過度講究。如果削過量，就從頭再進行一次。

27.
將刀片放入，完成整理。刀片的角、鉋台的誘導面，以及木端的線，都完全吻合。

28.
刀片前端線與刃口平行。再加上刀片的角也與誘導面的邊線吻合，這是斜口鉋整理完成的條件。

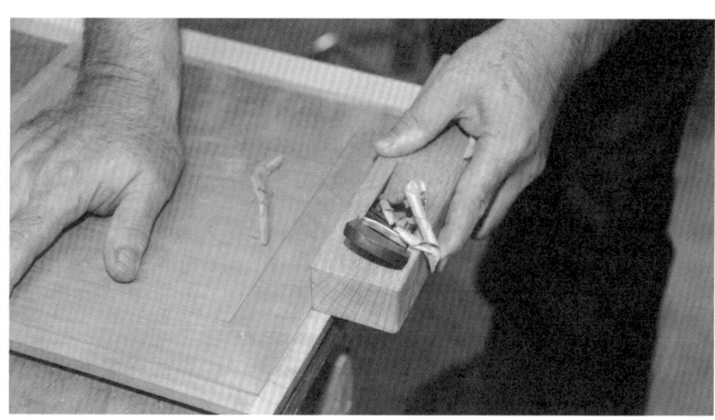

29.
以斜口鉋刨削的例子。這是刨削家具嵌板做最後加工的狀態。可將機械加工時的粗糙表面，以銳利的刀片削去。

整理內丸鉋

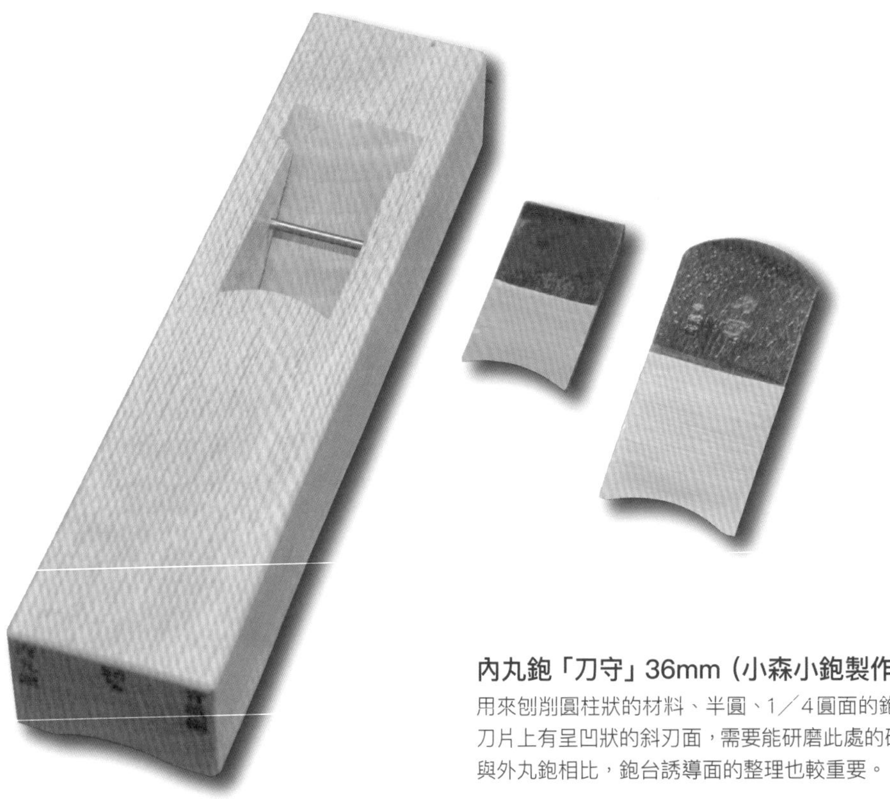

內丸鉋「刀守」36mm（小森小鉋製作所）

用來刨削圓柱狀的材料、半圓、1／4圓面的鉋刀。刀片上有呈凹狀的斜刃面，需要能研磨此處的砥石。與外丸鉋相比，鉋台誘導面的整理也較重要。

內丸鉋的整理

用有曲面的砥石整理斜刃面

內丸鉋在刨削圓柱狀材料時可以大顯身手。與內丸鑿不同的是，刀片本身並不是曲面，研磨鋼面時的研磨方式與平鉋一樣。只是接觸不到背面時，平鉋的刀片有時要打出鋼面，但呈現曲面的刀片會增加難度。為了避免讓刀片缺角，建議最好只研磨鋼面，研磨至整體都可以接觸到。

因為斜刃面的刀片呈凹狀曲線，研磨就必須使用有凹面的砥石。有凹面的砥石，可用普通的砥石來磨出凹面。

1.
先研磨鋼面。刀片本身是平面的，因此這個作業與平鉋相同。

2.
為研磨斜刃面，要將砥石整為凹型。使用整理砥面時的砥石，將中間石的側面磨成曲面。

要使用#1000的中間石，如果要製成專用的砥石，就選擇較容易與刀片吻合的較軟的砥石。要使用的是砥石的側面，因此，只要讓砥石表面保持平面，只用一把中間石來當做兩用砥石也是可能的。

壓鐵要稍後再研磨

研磨好刀片之後，平鉋就會立刻開始研磨壓鐵，不過若是圓刃，放進鉋台時刃線有可能不能對齊。如果已經研磨出壓鐵的第二刀刃，假設與刀片的曲線不能對齊，將必須再重新研磨一次。

為避免發生這種缺乏效率的事，有圓刃的二枚刃鉋刀，一開始先要研磨刀片，將刀片放進鉋台至實際使用狀態時的位置，再配合刀片，將壓鐵放進去看看。

在此狀態下，如果角與曲線能對齊就好，如果對不上，就必須研磨成有相同的刃線來做調整。

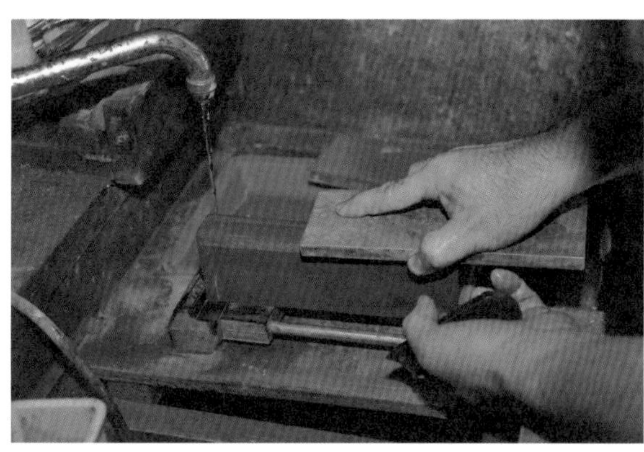

3.
使用磨粒較粗的鑽石砥石，也可以進行相同作業。實際上，將刀片放上來研磨看看，再繼續修正砥石。刀片接觸較緊密的部分，會在砥石上留下黑線，要將該處當做重點來磨出形狀。

4.
研磨斜刃面。最後，在研磨過程中，砥石的曲面會與刀片逐漸吻合。磨出曲面時，要將砥石前後調換來做研磨。

5.
刀片與壓鐵都研磨完成之後，將刀片放進鉋台中。要比實際使用時，讓刀片多凸出一些。

配合曲面來製作治具

刀刃研磨完成之後，接下來要做鉋台的調整。平鉋要讓刀片能與鉋台呈平行來調整誘導面，內丸鉋的情形也是一樣。

只不過，內丸鉋跟平鉋不同，不需要整個刀幅都能排出刨屑，誘導面的調整也可以稍微想得輕鬆一些。

誘導面要調整為刀片相同的曲面，一開始要為此製作治具。將磨好的刀片放進鉋台中，讓刀片凸出稍微多一點。準備好與鉋台誘導面的凹面相同寬度的廢材，用鉋刀來刨削。

廢材不要選太硬的木材，檜木或杉等針葉樹應該會比較好處理。因為刀片稍微凸出了些，會削出較厚的刨屑，就這樣繼續刨削下去，一直到排出與整個刀幅相同寬度的刨屑為止。若刨屑與刀片寬度相同，廢材就幾乎與刀片有相同曲面了。接下來，要在這個廢材的曲面貼上砂紙，來研磨鉋台的誘導面。

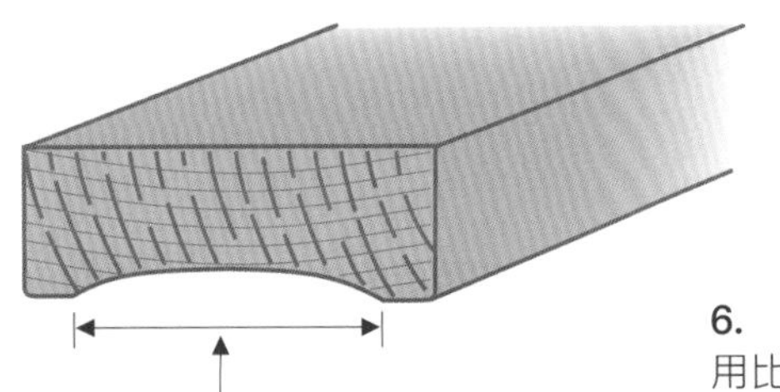

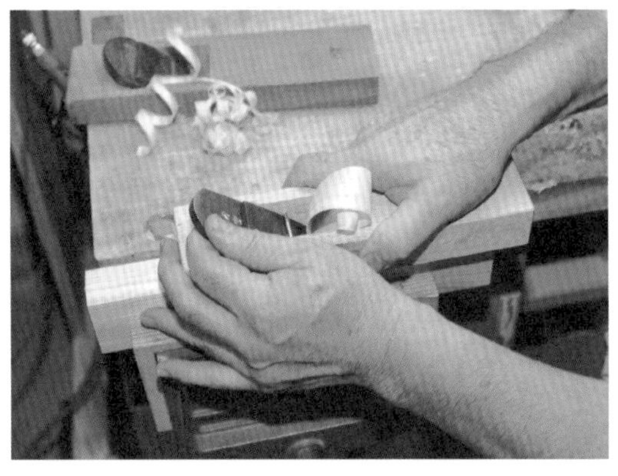

6.
用比實際使用時的刀片稍微凸出一些的鉋刀，來刨削準備好的廢材。如同照片一樣，會排出較厚的刨屑。被刨削的木面，將會被刨削成與刀片相同形狀。

這樣一來，誘導面的曲面就會變得與刀片的曲面相同。這時該注意的是，不要在取下刀片的狀態下用砂紙來研磨。

跟平鉋一樣，內丸鉋在放入刀片的狀態下，誘導面會受到壓力。如果不在這個狀態下研磨，將刀片放入之後，鉋台將會因此膨脹，好不容易磨成

7.
廢材被刨削成曲面之後，以雙面膠帶將砂紙貼上。

刀片不碰觸到砂紙的狀態。
在刀片放入，鉋台呈膨脹的狀態下研磨為重點。

8.
將內丸鉋的誘導面朝上，做最後加工。這樣一來，誘導面的曲面將會與刀片的曲面相同。研磨後要將砂紙的顆粒好好清除掉。

相同的曲面將會變形。為避免砂紙讓刀片損傷，要將刀片往上拿至非常接近刃口的位置，在此狀態下，用砂紙做研磨。調整完成之後，要好好將砂紙的顆粒清除掉。

以下端定規確認誘導面時，要由鉋尾至鉋頭筆直地做測量。必須微磨低的部分與普

9.
以下端定規來確認間隙時，不需要像平鉋一樣測量對角線，要筆直地測量較長的那一端。必須稍微磨低的部分與普通的鉋刀相同。

10.
將刀片放至實際使用時的位置，用來刨削砂紙剝下後的廢材。比起一開始，可以削出相當薄的刨屑。

11. 內丸鉋的誘導面以及刨削過的廢材曲面。在此狀態下，結束誘導面的調整也可以，如果要提高精準度，可以再重新貼上砂紙，再調整一次誘導面。

通的鉋刀相同。

誘導面調整完成之後，接下來，刀片需要稍微凸出一些些，將當做治具來使用的廢材上的砂紙剝下，試刨看看。比起一開始削出的厚刨屑，應該能夠削出相當薄的刨屑出來。調整工作這樣就算完成也可以，如果要再削出更薄的刨屑，就再將砂紙貼上，進行相同作業。廢材的曲面精準度將會更加提高，調整程度應該可以比一開始精準度更高才是。

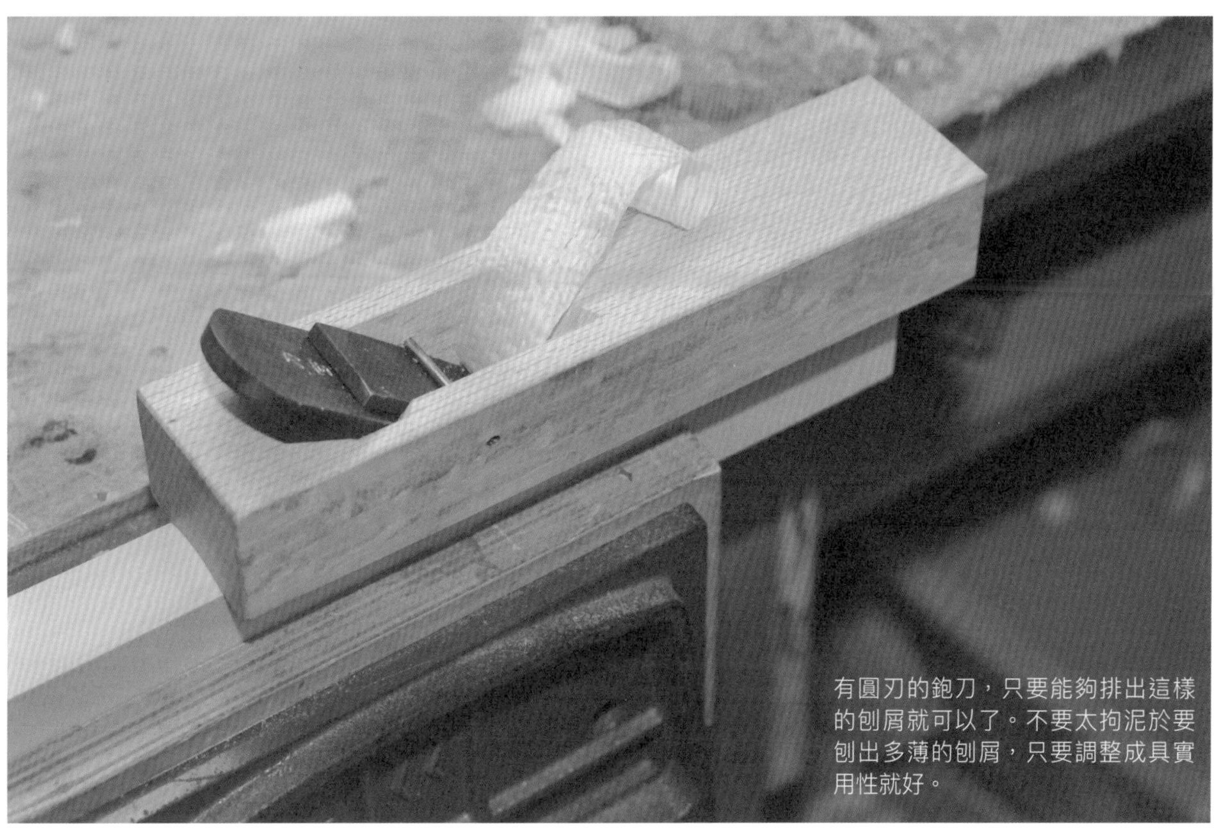

有圓刃的鉋刀，只要能夠排出這樣的刨屑就可以了。不要太拘泥於要刨出多薄的刨屑，只要調整成具實用性就好。

南京鉋的使用

南京鉋「善正」36mm（小森小鉋製作所）

與普通的鉋刀不同，是橫向延伸有把手的形狀。因為是用來刨削立體的曲面，誘導面很容易產生磨耗，很多人會自己在誘導面貼上黃銅。這把南京鉋一開始就埋有黃銅。

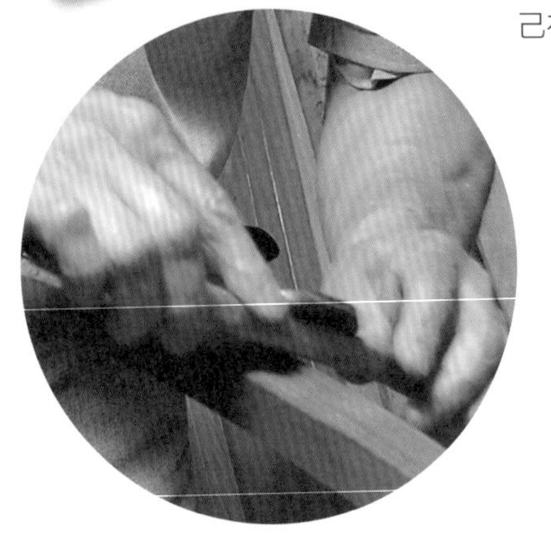

1.
進刀時要敲打鉋台的頭，跟平鉋是一樣的。

南京鉋的使用

握著左右把手刨削的鉋刀

南京鉋是將帶角的木棒刨削成圓棒時相當方便的鉋刀。鉋台由刀片的左右延伸出來，被製作成可當做把手來握住。跟其他鉋刀不同的是，不將鉋台當做治具來使用。相反地，是在刨削特彎曲線時，非常有用的鉋刀。

關於刀片的研磨，與平鉋的刀片沒有不同，因此，這裡介紹的重點是鉋台的調整。

關於進退刀

首先，關於進退刀，進刀時與普通的鉋刀相同，要敲打鉋台的頭部。

退刀時，則要敲打鉋台靠

2.
退刀時，要敲打鉋台靠近刀片的部分。將玄能鎚的鎚頭與刀刃保持相同角度來敲打，是基本原則。

3.
刀片很緊時，要握住單側的把手，對著桌角往下敲，讓刀片落下。這時要注意不要讓刀片掉落，也要避免讓手受傷了。

近刀片的部分（照片2）。但是有時候刀片會很緊，而很難將刀片退出。這種時候要將刀片朝上，握住鉋台單側的把手，將另一邊的把手於作業台上敲打來退刀。這時為了避免刀片落下，要用空著的手擱置於下方，但必須注意不要割傷了手。

注意鉋台的膨脹

鉋台的調整與平鉋不同，要讓下端定規與刃線平行來做測量，確認鉋台的膨脹或凹陷。南京鉋是用來刨削曲面的鉋刀，因此，即使多少有點凹陷，也不會影響到作業。如有膨脹，就需要拿鉋刀來刨平。

此外，因為刀片的下側很容易磨損，有時黃銅會埋在這部分。要刨削這部分時，要先將刀片拔下來，使用金屬用銼刀來磨削，但若不是非常會膨脹的地方，只要刀片能平行凸出，就不需要削除。

4.
讓下端定規與刀片平行，來做測量。確認鉋膛部分是否有膨脹。

5.
如果發現了鉋刀有膨脹，直接讓刀片保持插著的狀態來做刨削。必須要注意，不要讓相互的刀片碰撞到。

6.
將膨脹部位削去後的痕跡。因為是要刨削曲線用的，不用像平鉋一般要求嚴格的精準度。

7.
刃口處埋有黃銅。要調整此處，必須使用金屬用銼刀。

下端定規的製作步驟

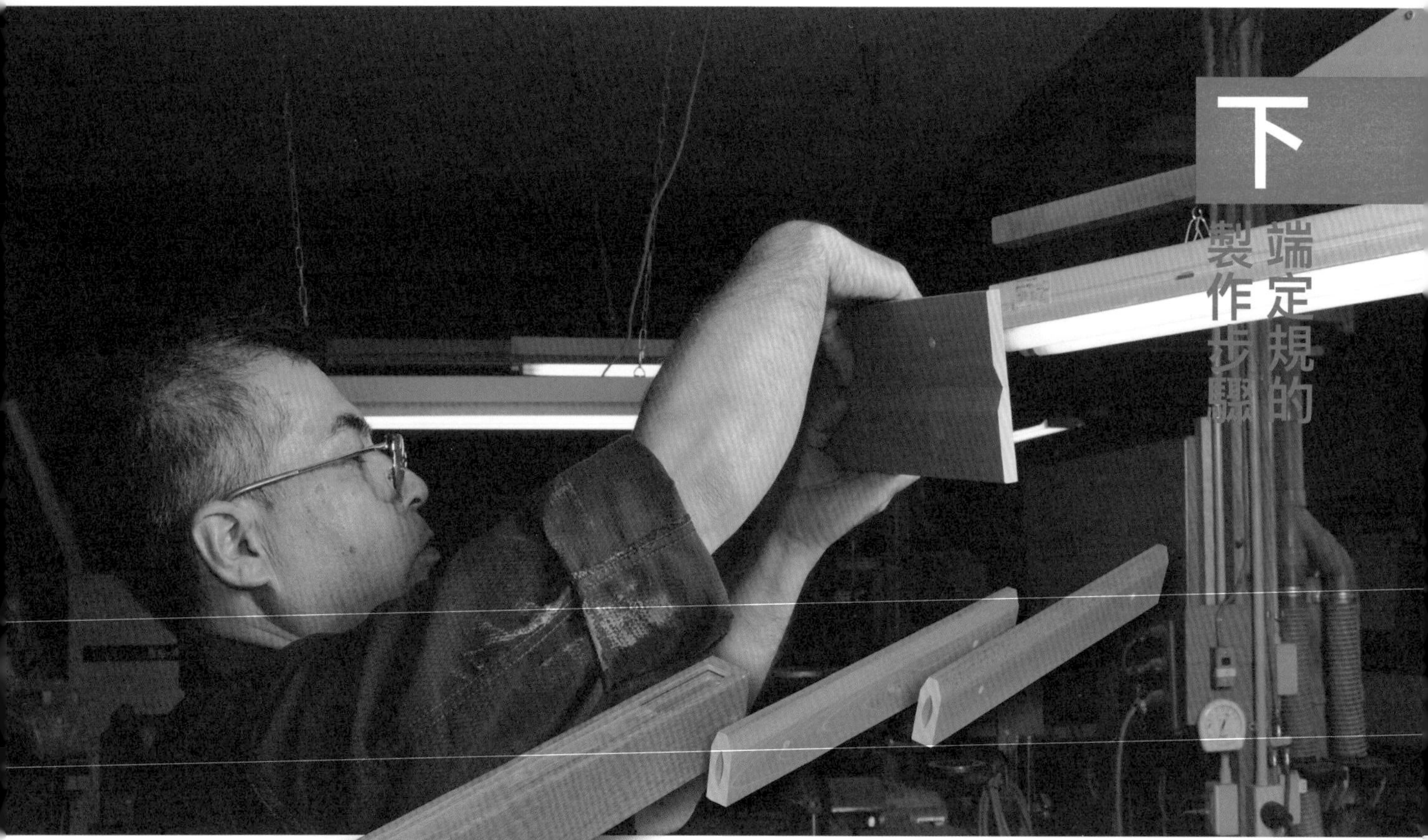

在很多的木工教室中，做為實際演練，會將「下端定規的製作」安排進課程中。因為這是調整鉋刀的誘導面時不可或缺的工具，請一定要製作看看。
如果製作的下端定規要實際拿來使用，為保護定規表面、避免產生變形，請連保護盒也一起製作。

下端定規的尺寸圖（mm）

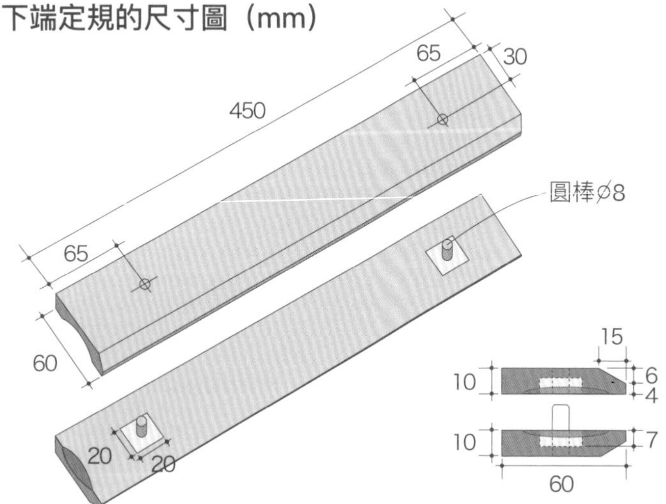

用於製作下端定規的材料，要使用幾乎不會因為年輪，而在硬度上產生差異、也較少會產生變形的朴木。其他如桂木或扁柏等，也適合拿來製作。徑切板是最理想的，若使用弦切板，要將木裏（譯註：面向樹木年輪中心的那一側）朝外當外側使用，這樣接合部位較不易散開掉。

取料時要一邊考慮木表、木裏來進行。決定了方向後，為避免中途弄錯，要先做上記號。

下端定規的製作

鉋刀的誘導面的調整作業，下端定規是不可或缺的工具。最近也有金屬製的市售品，精準度很高而且不容易變形，但以定規來說，價格過於昂貴了。

就這一點來說，木製的定規雖然容易變形，但相反地，優點是可隨時自己做修正。此外，如果不小心在鉋刀的刀片凸出的狀態下進行誘導面調整，也不用擔心定規會碰觸到刀片，而讓刀片損傷，適合有興趣的人以及初學者使用。

很多木工教室會將製作下端定規當做第一個課題。要自行製作工具，在木工的世界是很平常的事，讓感覺逐漸變成習慣，建議各位讀者務必製作看看。

下端定規通常都是以兩片為一組，以暗榫固定來做保管。使用時要將兩片分開，讓各自的定規面對齊，照光來確認空隙，如果沒有空隙，可以當成定規面是呈一直線的。如果有些許的光線透過來，也沒有問題。已確認過為直線的定規，拿來確認鉋刀誘導面的平面性，並做修正。

材料與取料

經常使用的材料是朴木。其他會使用的還有桂木、扁柏、檜木的徑切板。材料選擇的重點，在於要選擇不容易變形、並且容易加工的木材。

說到不容易變形這一點，徑切板的材料是最理想的，如果不易取得，可用弦切板的材料，讓木裏朝向外側來使用。這是因為一般木材會在木表那一側產生變形，只要木表互相靠在一起，定規的上與下就不會因此而分開。

徑切板的話幾乎不會產生變形，但要用來做定規面的那一側，還是必須兩片互相靠在一起來做使用。

下端定規的大小沒有一定的規定，譬如長鉋的鉋台長度一般為40㎝，就必須做得比長鉋來要長。也沒有規定定規的寬度，如果窄一點，用來測量誘導面時，有較容易看清楚空隙的優點，但相反地，也有直線較容易崩壞的缺點。這裡將製作的定規面寬度設定為4㎜。

以手邊的工具來加工

將兩片定規合在一起做固定的暗榫與榫洞，是很容易產生磨耗的部分。要在榫洞中塞進橡木等硬木，變鬆的話就交換較軟的暗榫。

橡木做異木鑲嵌時，木紋要與下端定規呈交差放入。有幾種方法，可以在下端定規上鑿開為了要放入硬木的四角形榫洞。根據手邊有的工具，方法也會跟著改變，這裡要介紹三種：在修邊機上裝上帶有導向軸承的直刀，使用版型來挖掘的方法；以及單純用直刀的方法；最後是不使用修邊機，只用鑿刀來挖掘的方法。

將定規面修成直線

裝上暗榫之後，接下來就要完成定規面。長與寬的交接處如果有段差，就要削去做修正。將定規面寬度留下4㎜，以鉋刀做斜向刨削。將兩片定規面重疊在一起照光看看，以鉋刀刨削至沒有空隙為止。光會讓空隙看起來比真正大，因此，即使看見些許空隙也沒有問題。

為讓兩片定規以暗榫固定在一起時能較容易分開，要在斷面上刻下缺口，就算完成。

異木鑲嵌孔的加工—1

使用附帶導向軸承的直刀

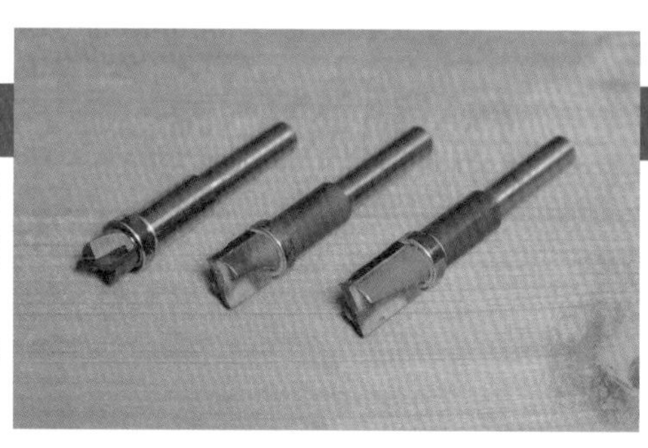

附帶導向軸承的直刀，比起普通的刀頭要來得昂貴，但只要做出版型，優點是可以挖鑿出很多相同洞穴，是在其他作業也使用範圍很廣的刀頭。

說不定有人會抗拒，只為了製作下端定規就要購買刀頭這件事，但如果手邊有這個工具，是最不容易失敗的方法。

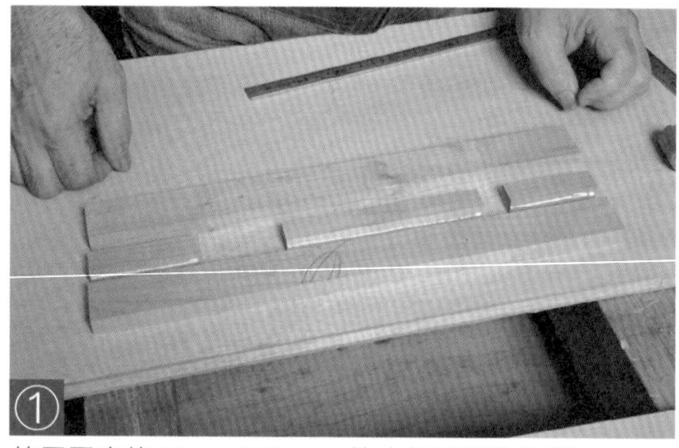

使用厚度約10mm至12mm的木板來製作版型。

以白膠黏合，再以保護膠帶固定住。洞的大小為邊長20mm的四方形。

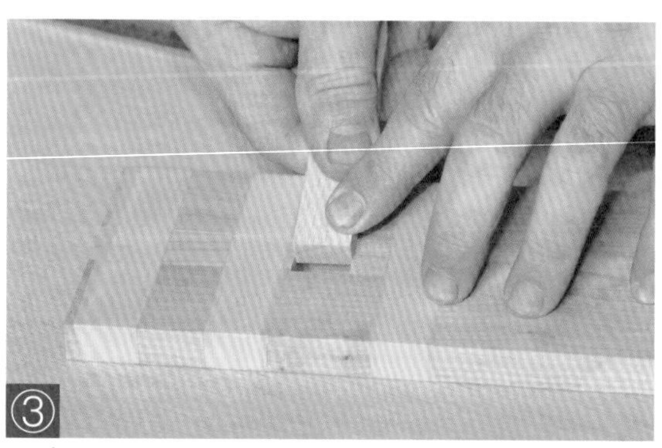

要鑲嵌兩片下端定規的硬木，使用的是白橡木。要比20mm切得稍微大一點點（約名片1至2張左右）。

將版型固定在下端定規的上面，以修邊機來開洞。

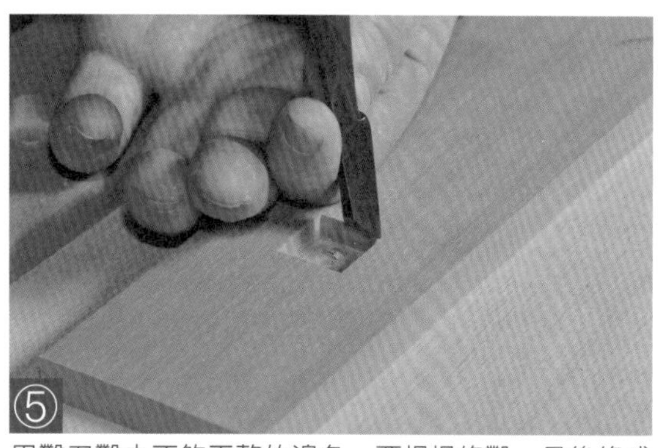

用鑿刀鑿去不夠平整的邊角。要慢慢修鑿，最後修成直線。

一組下端定規要在四個地方開洞。使用版型來作業會正確而快速。

異木鑲嵌孔的加工—2
使用普遍的直刀

購買修邊機通常會附帶直徑6mm左右的直刀刀頭。即使是基本的直刀，只要謹慎地使用，也是很有用處。

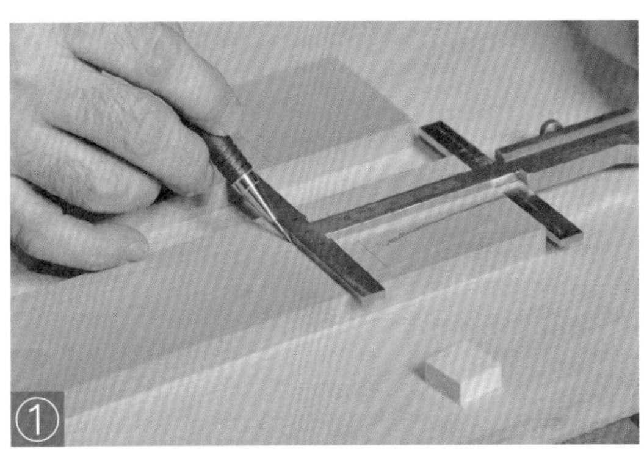

①要開孔的地方畫線做記號。為了容易辨識，一開始要先用鉛筆，像使用毛引時畫的記號。

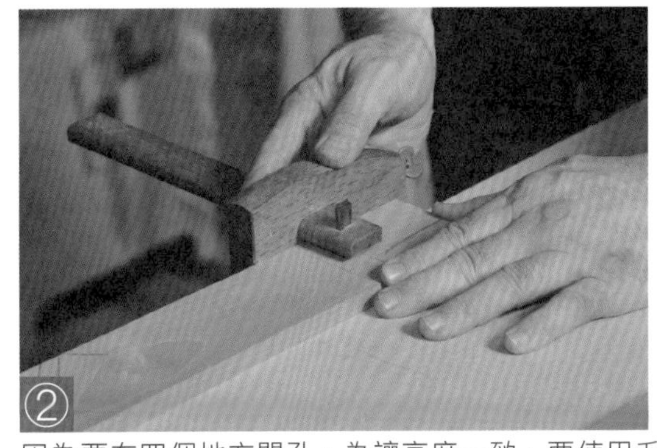

②因為要在四個地方開孔，為讓高度一致，要使用毛引，再做一次記號。

③已經切成相同形狀的鑲嵌木上，分別與要鑲嵌的孔洞，標上相同記號。

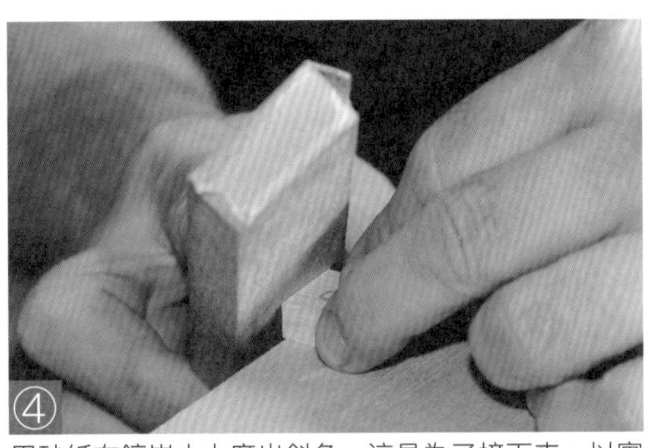

④用砂紙在鑲嵌木上磨出斜角。這是為了接下來，以實際要使用的鑲嵌木來做記號的重點。

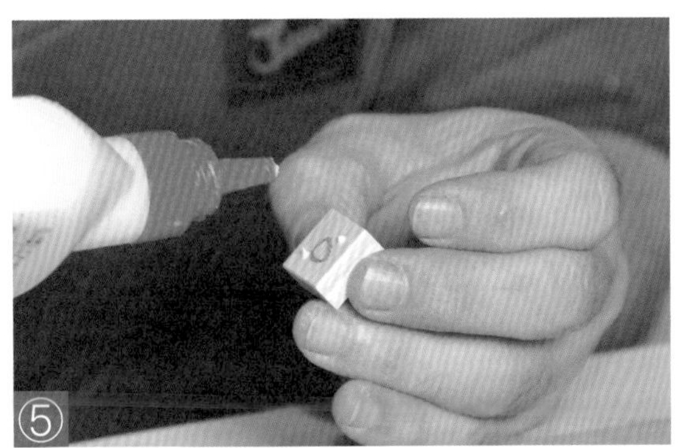

⑤磨出斜角面積稍微變小的那一面上，點上些許白膠，暫時固定用。

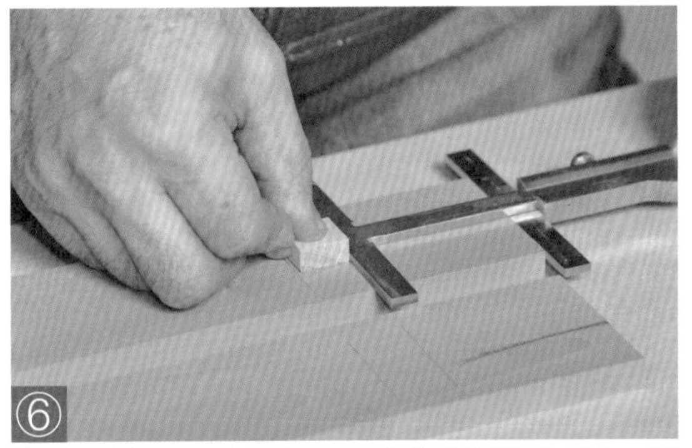

⑥將鑲嵌木暫時固定在定規上要開的鑲嵌孔位置上。用畫線儀的來決定位置，不只正確而且迅速。

等白膠乾了之後，配合剛才磨出的斜角，用白柿來畫線。將白柿往內傾的話，剛才磨掉的斜角寬度，就會是洞穴縮小的寬度。

畫完線之後，將廢材放在鑲嵌木的側面，用玄能鎚敲打取下。

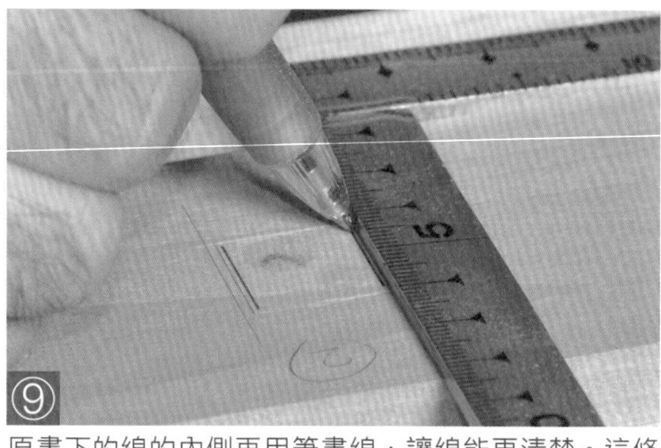

原畫下的線的內側再用筆畫線，讓線能更清楚。這條線位於內側約1至2mm，是用修邊機來挖鑿的基準線。

用固定夾將下端定規固定住，謹慎地用修邊機來開孔。

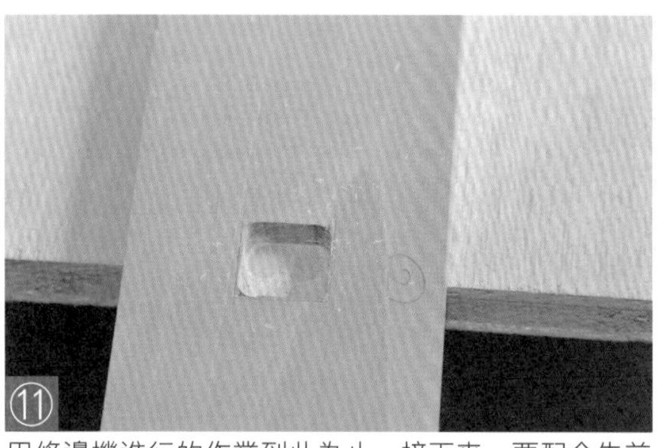

用修邊機進行的作業到此為止。接下來，要配合先前白柿畫的線，即實際鑲嵌木的大小，用鑿刀慢慢修鑿。

用直刀與鑿刀開的孔。只要謹慎地進行，就可以正確地開孔。

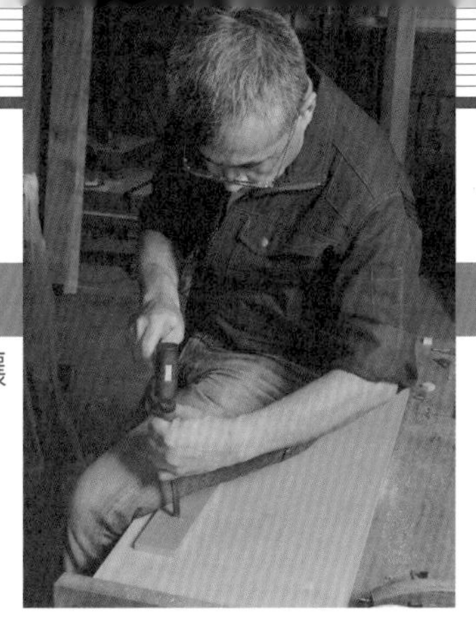

異木鑲嵌孔的加工— 3
使用鑿刀，只以手工具來做加工

孔或組合木頭的工作，並非是沒有電動工具就無法進行的加工。只要讓手習慣使用手工具，是每個人都做得到的事。
這裡要用一把刀幅為12mm的追入鑿，完成最後的修飾作業。

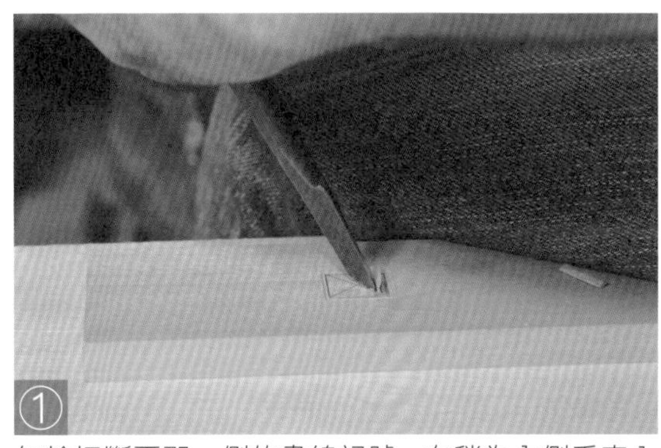

①
年輪切斷面那一側的畫線記號，在稍為內側垂直入鑿，接下來，再以斜向挖鑿。

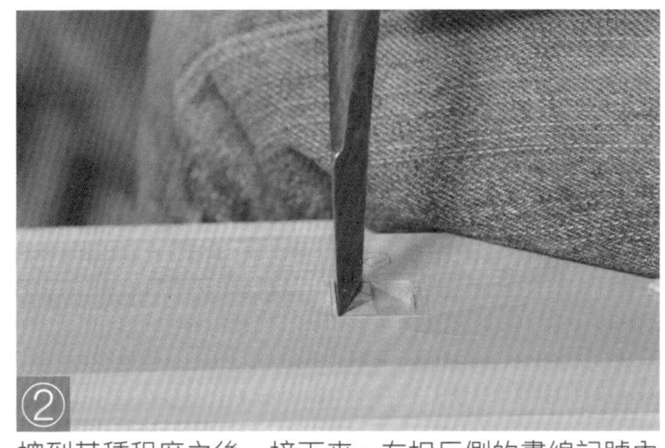

②
挖到某種程度之後，接下來，在相反側的畫線記號內側，垂直入鎚。

③
斜向挖鑿後，中間會留下山的形狀。

④
在板材側面那一側畫線記號處的稍微內側，垂直入鑿，將中央留下的部分鑿削掉。

⑤
相同要領將整體挖鑿掉之後，最後修整底部角落的部分。鑿刀的刀刃部位如果碰到孔的邊角，木材將會因此凹陷，需特別注意。

⑥
只使用鑿刀開的孔。朴木很軟，只要慎重地修整好，只用鑿刀也可以開孔。

⑤ 兩片合在一起看看，確認是否沒有空隙。使用磨掉邊角的鉋刀來刨削，較容易密合。

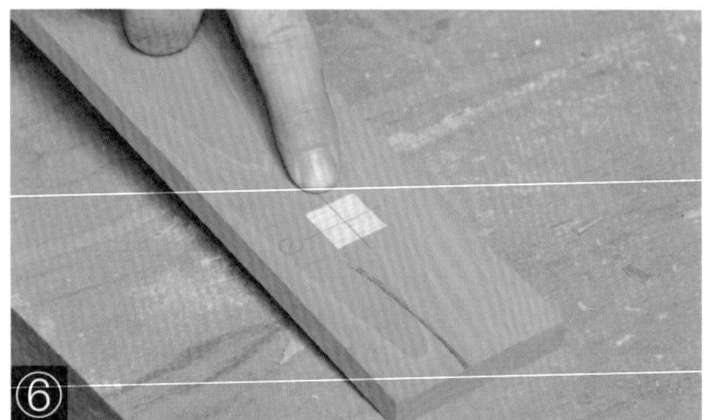

⑥ 鑲嵌木的中心做記號，這裡也是為了放進暗榫要開鑿的洞的位置。

⑦ 用定規測量在鑲嵌木中心做記號，在木頭背面也要做上記號。

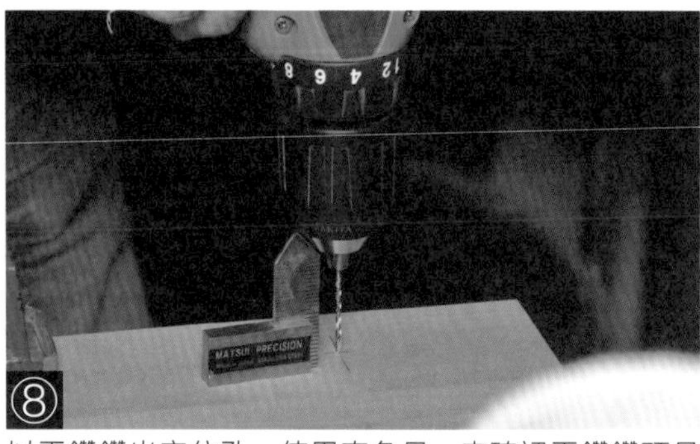

⑧ 以電鑽鑽出定位孔。使用直角尺，來確認電鑽鑽頭是垂直的。

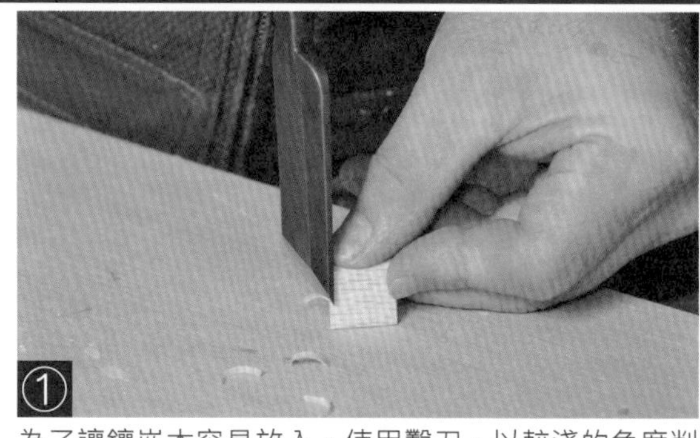

① 為了讓鑲嵌木容易放入，使用鑿刀，以較淺的角度削去表面。

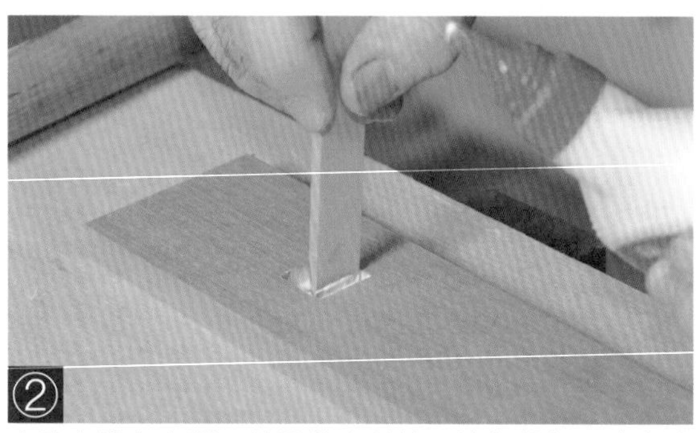

② 在孔內塗上白膠。使用薄木片等，連角落都要確實塗抹到。

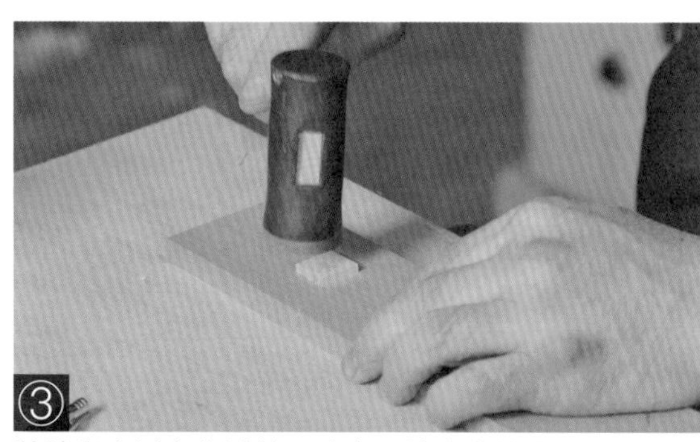

③ 將鑲嵌木以玄能鎚敲入孔中。鑲嵌木的木紋要與下端定規的木紋呈交叉直角。

④ 等白膠完全乾了之後，將凸出的部分以鉋刀刨去。避免刨削到定規邊角，要拿斜向來使用鉋刀。

鑲崁木・暗榫加工・安裝

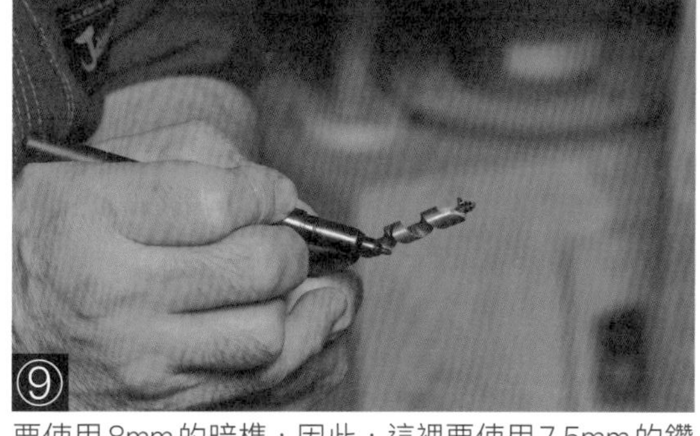

要使用8mm的暗榫，因此，這裡要使用7.5mm的鑽頭。在必要的深度處做上記號。

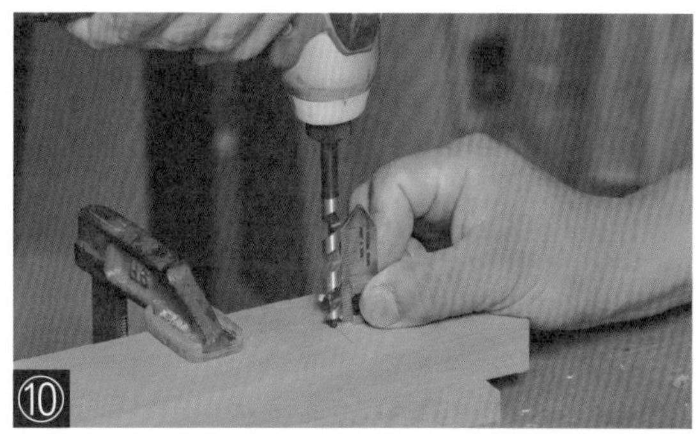

再次使用直角尺，來確認是否為垂直。若方便可拜託他人做輔助，由各個角度來做確認比較好。

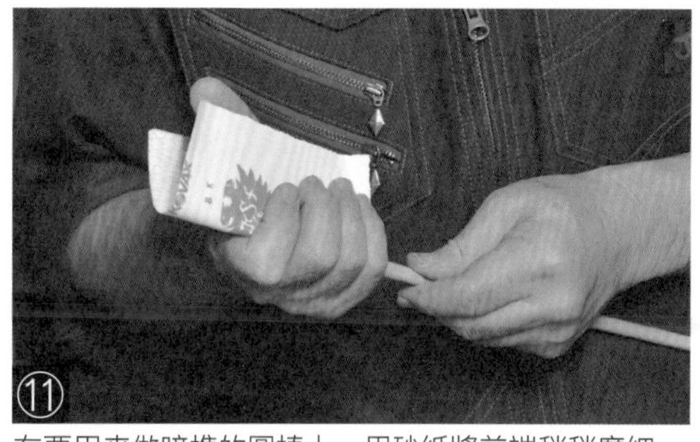

在要用來做暗榫的圓棒上，用砂紙將前端稍稍磨細。

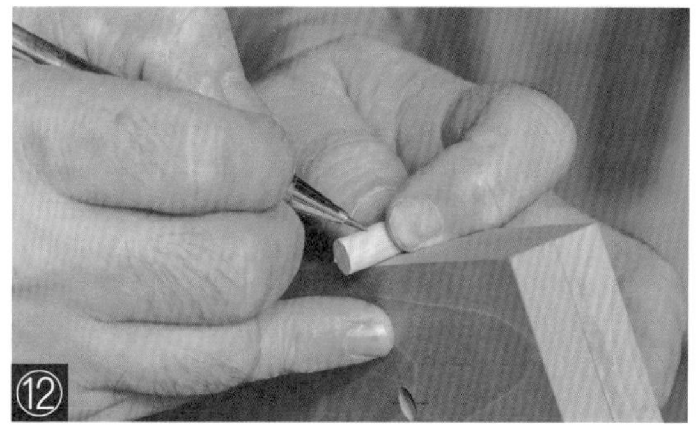

切下需要的長度，在可放入鑲嵌木的地方做上記號。

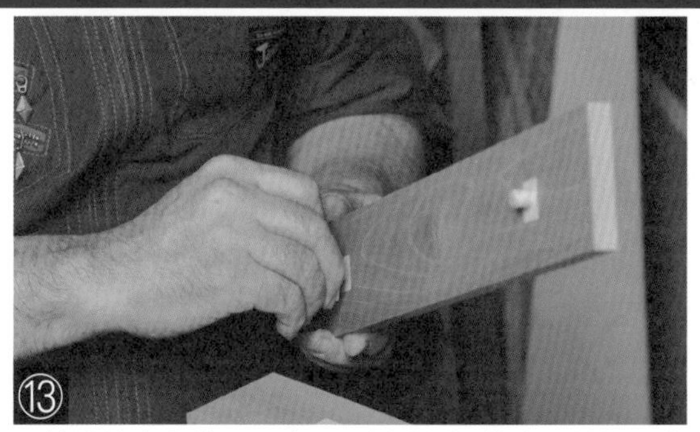

要放進鑲嵌木的那一邊，要以砂紙調整為可以較緊密地放入，確實地放進洞中。另一端則要比剛才那一端調整得鬆一點，將暗榫能留在緊密放入的那一面上。

在要當做定規的那一面上留下4mm，削成斜面。木板的側面則要削去15mm，先畫線做記號。

定規那一面很窄，要用毛引來做記號。

使用鉋刀，將畫線記號為止的部分削成斜面。

鑲崁木・暗榫加工・安裝

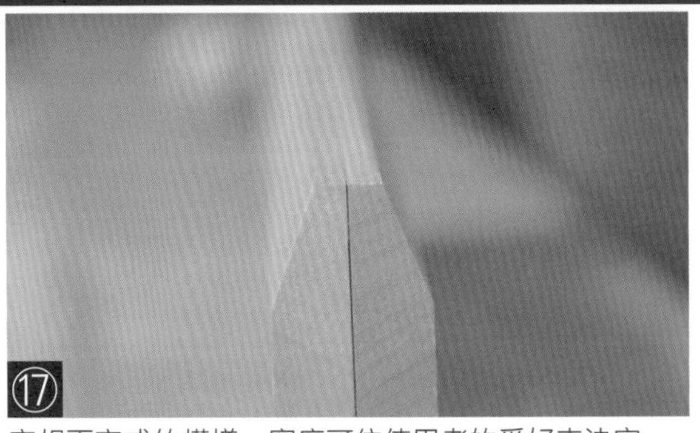

⑰ 定規面完成的模樣。寬度可依使用者的愛好來決定。

⑱ 將定規面修整為直線。如果削過量，原本4mm的定規面會愈變愈寬，必須特別注意。

⑲ 將定規面相互靠在一起，照光確認是否有空隙。

⑳ 以噴漆的蓋子等當畫圓工具，在手施力的部分畫線做記號。

㉑ 內側與年輪斷面上做了記號的樣子。確認是否符合自己預設的模樣。

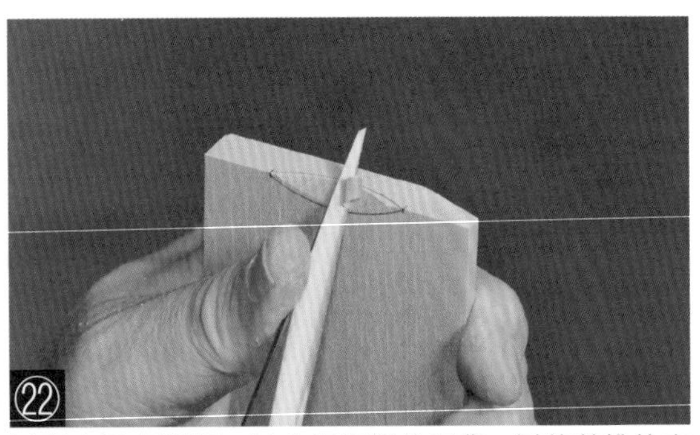

㉒ 以刳小刀來削切。以大拇指抵住刀背，以往前推的方式，削切時可保持刀片安定。

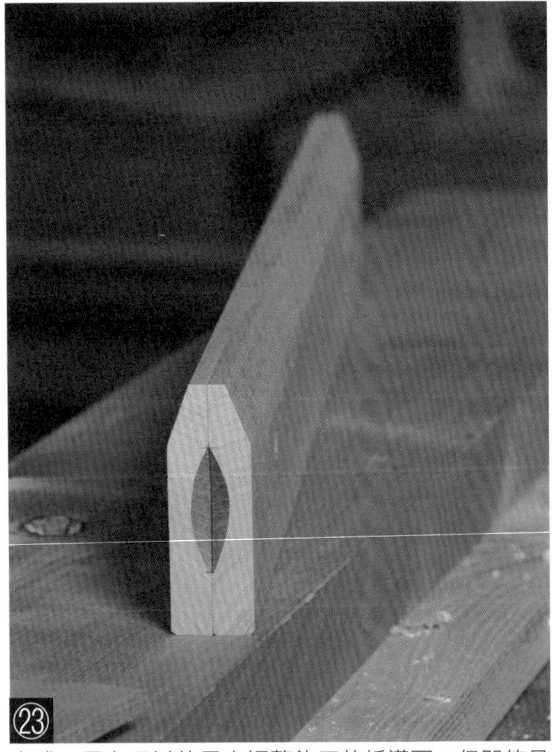

㉓ 完成。馬上可以使用來調整鉋刀的誘導面。但即使是朴木，還是會變形，要經常檢查定規面。

鑿刀的整理與研磨

追入鑿的整理

追入鑿（高橋特殊鑿製作所）

追入鑿是要進行木材加工時，一定要有的基本鑿刀。木工人會收集一組共10把的追入鑿。如果是業餘或木工職人，有五把尺寸較細的以及一把寬度較寬的追入鑿，就足夠了。接下來，只要在需要時再添購就好。

圖 1. 鑿刀的各部位名稱（各地區有所不同）

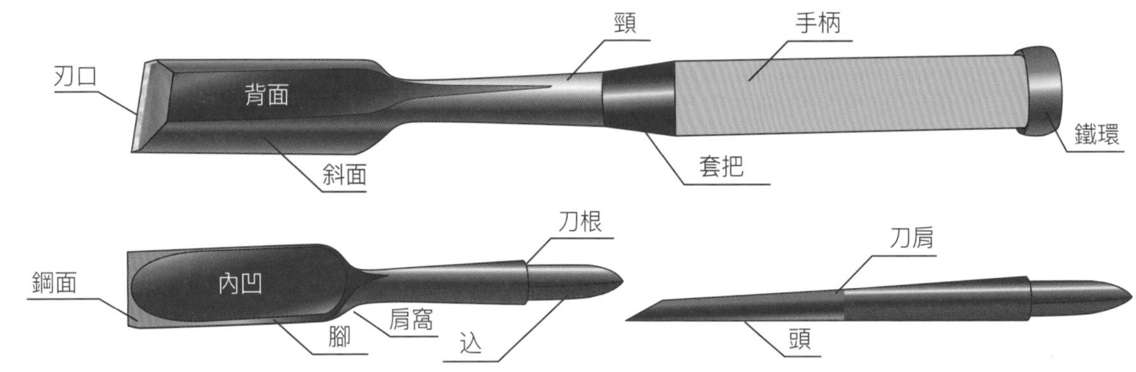

追入鑿的整理

鉋刀是將刀片放進鉋台中，以鉋台做為基準來刨削木頭，因此，刀片與鉋台的細微調整是必須的。至於鑿刀，則不需要這樣的調整。

只不過，有鐵環的追入鑿、打鑿等，仍需先將鐵環取下，然後調整為不容易脫落的狀態。至於沒有鐵環的修鑿，可以一開始就進入研磨刀刃程序。

關於打鑿與追入鑿的研磨方式，並無不同，這裡選擇作業程序相較起來較多的打鑿，提供整理程序的說明。

取下鐵環

追入鑿與打鑿的使用方式，是以玄能鎚敲打手柄的頭部來削鑿木材。為了不將手柄敲壞，而裝有鐵環，但鐵環並不是以馬上能夠使用為前提裝上的。

鑿刀職人所製作的鑿刀，是設定成要讓職人來使用，也就是讓使用者來進行最終調整。因此，幾乎都是將加工過的鐵環鑲嵌於中間的狀態來販售。

乍看之下或許會感到很突兀，但也可以想成，既然是要取下重新裝上，一開始就乾脆做成容易取下的狀態。

也有一開始鐵環就確實裝好的商品，但無論如何，鐵環的內部都是未磨去邊角的狀態，若直接敲打，鐵環內側角將會削到木柄，無法讓木柄收縮後再膨脹來框緊鐵環。甚至反而會讓木柄產生磨耗而變鬆，直接敲打到鐵環，鐵環反而會因為反作用力而容易脫落。

取下鐵環的方法

要取下鐵環有好幾種方法。這裡要介紹其中兩種。除此之外，還有其他方法，請配合自己手邊有的工具，找出好方法吧。

使用軸承拔取器

第一個取下鐵環的方法，就是使用在家庭建築用品店中購買的名為「軸承拔取器」的工具。如果在網路上搜尋，應該也可以找到網購的商品。

原本，這工具是用來拔取家電用品或電動工具等馬達部分的軸承時使用的工具，目的是用拔取器的爪勾住軸承部分並取下。

雖然不是專門用來取下鐵環的工具，若要使用必須自己負責，但只是將軸承換成鐵環，取下的原理是相同的，理應不會產生失敗。

只不過，因為是一把要價數千日圓的工具，如果只為了一把鑿刀就購買軸承拔取器，也太過浪費。如果甚少會使用到，建議還是採用其他方法。

但若是需要一次整理很多鑿刀，因為在作業上效率非常好，會是很好用的工具。

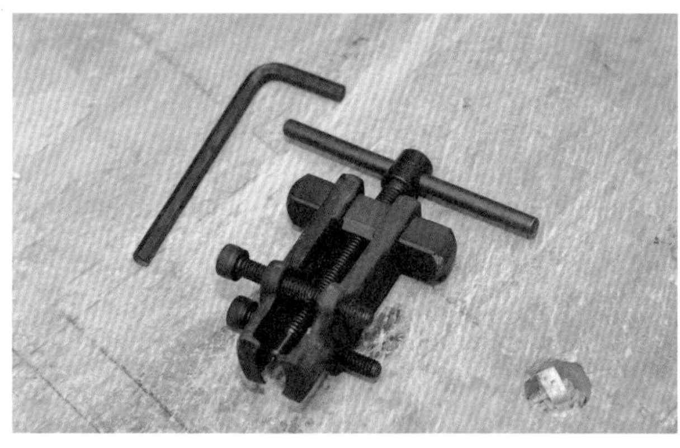

1.
軸承拔取器。可以在家庭建築用品店或網路購買。有很多不同直徑，要選擇可夾住鐵環的尺寸。照片為可拔取19至35mm的商品。

2.
原本用來夾住軸承的爪的部分，這裡用勾住的方式來夾住鐵環。

3.
只要轉動把手，就可以輕易取下。

其他取下鐵環的方法

1.
用固定夾把活動扳手以固定夾固定在作業台上。

2.
以卡在鐵環下方的方式，用活動扳手夾住木柄，讓鑿刀呈懸空狀態。

3.
用比鐵環內徑還小的玄能鎚來敲打木柄的切口。為避免木柄掉落，要以另一隻手抓住。

4.
如果沒有小支的玄能鎚，就用比鐵環內徑小的木片當做木墊。

5.
除了活動扳手以外，也可用木工用高速鋼板等，只要能夠讓鐵環卡住不掉落，就一樣可以進行作業。

使用固定夾與活動扳手

接下來的方法雖然比較麻煩一些，要介紹的是有在DIY，手邊可能會擁有固定夾與活動扳手的人，可以使用的方法。

將活動扳手放在作業台上，以固定夾固定住。讓活動扳手卡在木柄與鐵環成段差處。如果夾得太緊會弄傷木柄，只要能讓鐵環卡住就好。

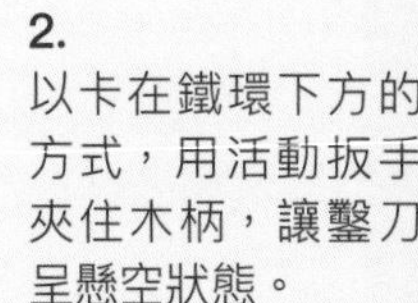

在木柄上方切口處，以較小的玄能鎚來敲打，或是以比鐵環內徑小的木片墊在木柄的切口處，以玄能鎚敲打。木柄並非以活動扳手固定住，一定要用另外一隻手來抓住木柄。

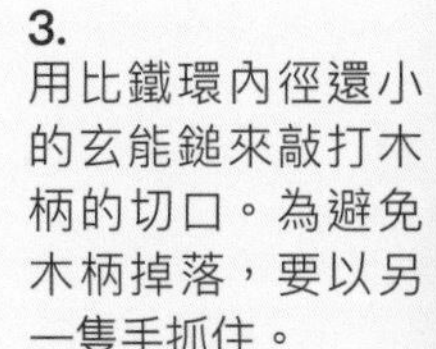

因為以較容易卡住鑿刀鐵環方式來固定，所以使用活動扳手，但木工虎鉗板也可以有相同的作用。

即使沒有活動扳手或木工虎鉗板，使用玄能鎚朝能取下鐵環的方向敲打，也可以將鐵環取下。這時為避免玄能鎚的角弄傷木柄，要讓玄能鎚以緊貼木柄的狀態，用滑動的方式來敲打鐵環。不要著急，要仔細看好，慎重地進行。

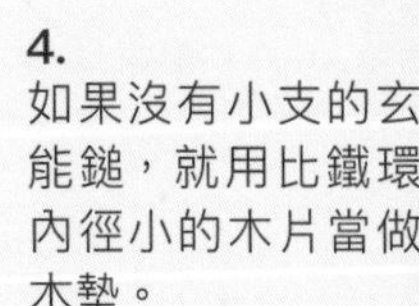

磨去鐵環的邊角及敲打木柄

去掉鐵環的邊角

將鐵環取下之後，要將內側的邊角去掉。使用金屬用銼刀，將周圍全部削過一次。中間不要削，做出漸變細的角度是重點所在。不要削出太大的角度，要削出緩淺的角度。這樣一來，等到實際鑲嵌上鐵環時，木柄會緊緊被框住，可得到與敲打木頭使之暫時收縮有相同效果。當然也有直接裝卻很難裝上的木柄，此時以玄能鎚敲打木柄，讓木柄收縮也可以。

敲打木柄讓木頭收縮時，必須注意不要將木頭纖維敲到潰散，在圓形的木頭切面整圈都慢慢敲打過即可。

裝上鐵環的方法

要將鐵環鑲嵌上去，最方便的工具是「下輪打」。要將鐵環裝到讓木柄可以凸出鐵環約2mm左右的位置，讓鐵環與木柄進到同一個平面是很單的。若還要繼續往內放，就只能敲打鐵環那薄薄的邊緣。「下輪打」的內部則是逐漸變窄，以這個工具鑲嵌住鐵環來敲打，鐵環可以進到比木柄更深的位置。雖是很單純的構造，但可以讓鐵環嵌入木柄時不讓手受傷，並且也不會傷到鐵環。

4.
削去鐵環內部的角。要往外稍微削出漸薄的角度，藉著留下中間的厚度，讓木楔產生效果，即鐵環放入時可將木柄緊緊框住。

5.
要敲打木柄讓木頭暫時緊縮時，不要太過用力而讓木柄裂開。

6.
鐵環與木柄放在同一平面上後，要裝上「下輪打」，讓鐵環往下移動。

7.
放入鐵環時，最好是能將刀刃好好固定住，但如果是刃幅較小的鑿刀，鑿頭有可能會彎曲， 因此，需將鑿刀懸空拿著敲打。

要將鐵環放入時，要將柔軟的木材當木墊，讓刀刃以對著木墊的狀態來敲打。如果是刀幅較細的鑿刀，鑿頭的部分有彎曲的風險，要懸空拿著鑿刀，將鐵環放入。只不過，這是非常不安定的拿法，必須注意不要讓玄能鎚傷到手，也不要讓鑿刀的前端傷到腳，細心地進行。

讓切口可以蓋覆住整個鐵環

將鐵環放置距離木柄前端2mm左右的位置後，要將木柄泡在水裡，讓木頭恢復膨脹。這樣一來，鐵罐將較不易脫落。就算之後因為乾燥而變鬆，只要泡水就可以恢復膨脹。

再來，還要將木柄頭部由鐵環凸出的部分，用玄能鎚以往外側捲起的方法來敲打。玄能鎚敲打時的幅度不要太大，要小幅度慢慢敲打，讓木口可以往外展開。能像照片11一樣的狀態最好。

到此為止，是說明有關裝有鐵環的鑿刀的整理。接下來是沒有鐵環的修鑿說明，但是，打鑿或追入鑿、薄鑿等刀片為直線的鑿刀，與內丸或外丸等有圓刃的鑿刀，兩者的作業工程會有所不同。

刀刃為直線的鑿刀，要介紹追入鑿；有圓刃的鑿刀，則要介紹內丸鑿與外丸鑿的研磨方式。

8.
裝好鐵環的狀態。如果裝上鐵環時不使用「下輪打」，要使用玄能鎚由斜側來敲打。

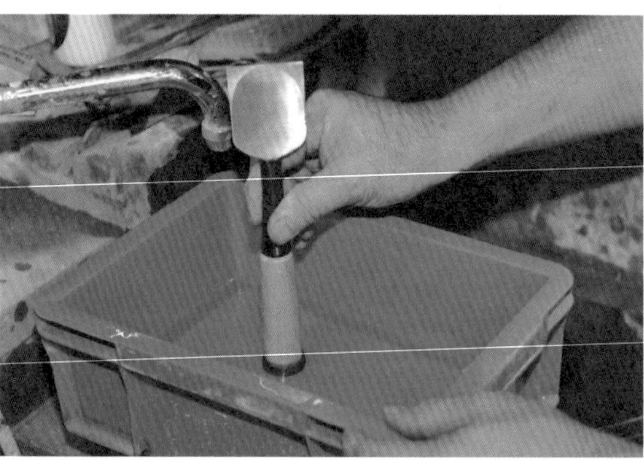

9.
將經過敲打暫時緊縮的木柄浸到水中，讓受到壓縮的木頭恢復原狀。這樣一來，鐵環將會不容易脫落。

10.
以玄能鎚敲打木柄頭部的切口，使用能讓整體都往鐵環的外側捲起的敲法。

11.
鐵環往內側裝好的狀態。木柄的缺口往外展開至覆蓋住整個鐵環。

研磨鑿刀的基本

由磨去刀腳的邊角開始

研磨的步驟要從研磨鋼面開始，但在那之前，要先研磨刀腳部分的邊角。研磨鋼面時研磨到這裡，會磨出如刀刃般的銳角，將有可能會不小心切到手。即使是90°的角也會割傷手，也有可能一開始就是銳角，所以要事先磨去邊角。

研磨鋼面與鉋刀相同，都要慢慢由粗至細提高砥石顆粒度，光是這樣就可以提高效率。程序與平鉋的刀刃研磨幾乎是相同的，這裡是由#1000燒結式鑽石砥石開始研磨。在研磨之前，還是要將砥石由側面開始的1cm左右寬度塗上白蠟，讓砥石的顆粒阻塞住。這樣就不會磨到不需要磨的地方，刀腳不會磨出利角，內凹也不會減少，可以磨出理想的雞蛋形。

研磨鋼面的想法

鑿刀的鋼面通常會採用被稱為「平坦鋼面」的研磨方式。鉋刀有被稱為「糸裏」的部分，鉋刀鋼面整體上都有彎曲度，只以極少的面積接觸到砥石；鑿刀則與之相對，鋼面的平面是進行切削時的治具，因此，有大面積必須接觸到砥石來磨成平面。

12.
不需要有銳角的刀腳部分，要以GC#220等來磨去邊角。如果將這裡研磨成了銳角，經常會切到手。邊角只要磨掉一點點即可。磨去的長度約由刀肩起的2／3左右。刀鋒部分則是絕對不可磨去邊角。

13.
在砥石邊緣1cm左右的寬度上塗上白臘後，開始研磨鋼面。這樣一來，不希望被磨掉的刀肩部分就不會被研磨到。

14.
鑿刀的「平坦鋼面」。與鉋刀刀片比較起來，平面的面積較大，這是因為鑿削時，鋼面具有做為基準的重要角色。

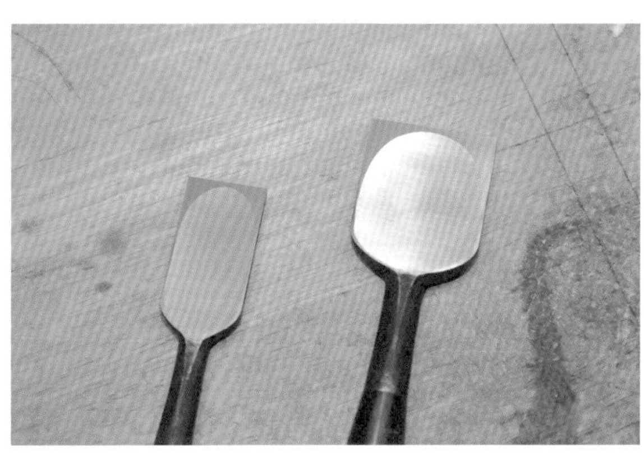

15.
「平坦鋼面」整體都確實接觸到砥石的鑿刀鋼面。與上面的照片相比，可知道「平坦鋼面」平均地散發出光澤。

照片14是研磨之前的鑿刀鋼面。刀鋒的左右兩側還不是平面狀態。能夠研磨成如同照片15，除了內凹之外，周圍整體都磨成平面，並且能有平均的光澤，是最理想的狀態。

但是鑿刀也是手工打造成的工具。一開始多少有點歪斜，也不是多不可思議的事情。此外，根據打造鑿刀的打鐵舖的不同，也會顯示出鑿刀不同的個性，並不一定要以相同感覺來做研磨。

雖然研磨鋼面是很重要的作業，但一開始不需要太過於神經質，就算有些地方接觸不到砥石，也可先當做作業已經完成，再一邊使用一邊研磨，漸漸地，讓鋼面整體都能接觸到砥石而愈來愈接近理想的形狀。

斜刃面要研磨成30°

完成鋼面的研磨後，接下來，要研磨斜刃面。在鉋刀的篇幅以及砥石的篇幅已經詳細說明過，砥石的粗細號碼在此省略。

關於刀刃的研磨角度，打鑿30°是基本，但其實使用者可

研磨鋼面的訣竅與重點

在此，要介紹為了能安定地研磨鋼面的鑿刀拿法。關於刀幅，比較起來較寬的鑿刀，要以照片①②般的拿法來研磨。將鋼面放在砥石上，以左手壓住，以右手的無名指與小指撐住鑿頸。以大拇指跟食指將刀甲壓在砥石上。維持這個狀態，讓鑿刀前後來回移動。

接下來，是關於刀幅較小的鑿刀。一分、二分左右刀幅的鑿刀，用剛才的方法，讓鋼面整體都接觸到砥石並且安定地研磨，是非常困難的。因此要像照片④一樣拿直，前後滑動。這樣一來，就可以將左右的晃動減小到最低。

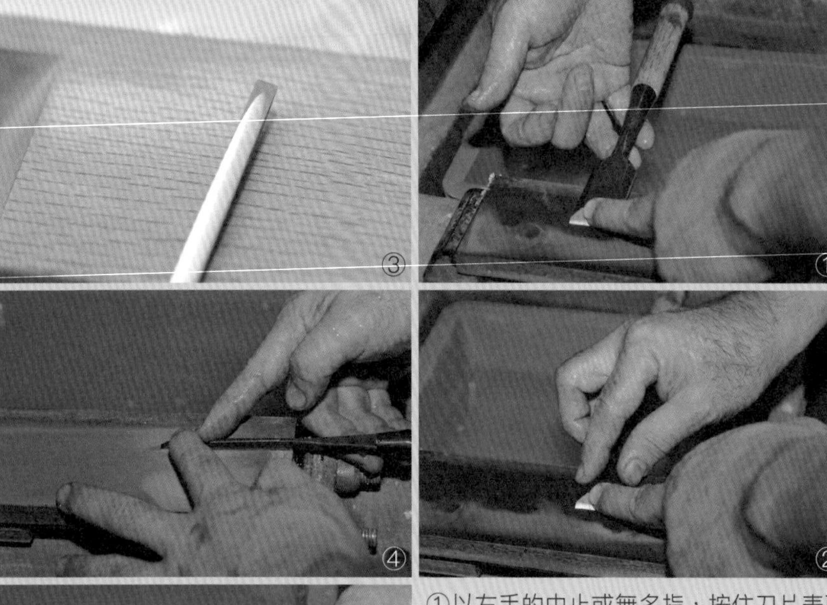

①以左手的中止或無名指，按住刀片表面靠近斜刃面的地方，讓鋼面緊密地接觸砥石。以右手的小指與無名指，由下方撐住鑿頸。
②以右手的食指與大拇指壓住刀甲，以將鋼面壓在砥石上的方式來進行。
③一分、二分的鑿刀刀幅較小，以①②的拿法來研磨較會前後滾動。
④要拿直向來研磨，對著砥石讓木柄轉到手邊來拿鑿刀。手指的使用方法與①幾乎相同。
⑤手只以食指來壓住，用大拇指固定住鑿頸。
⑥用較短的來回距離前後滑動，不要傾斜地進行研磨。研磨時壓住刀鋒的左手要較用力，靠近鑿肩的地方不要施加力量。在進行直向研磨時，砥石靠近手這邊，如能塗上白蠟是最好的。

自己決定。話雖如此，如果磨成太銳利的角度，刀片將很容易缺損；磨得太鈍，又會不夠銳利。

從一開始就要磨出30°是很困難的，以能夠慢慢接近30°做為目標吧。

研磨方式是將斜刃面靠在砥石上，讓木柄朝向手這邊是基本原則。也有讓鑿刀放橫來研磨的方式，但首先，先學會最基本的磨法。

研磨的來回距離約為刀幅的三倍左右，要一直以往前推的方向來研磨。如果來回距離太長，與砥石接觸的角度很容易改變；如果在推與拉兩個方向都施力研磨，要保持一定的角度也會很困難。

捲刃要小

研磨斜刃面的標準，要磨到產生捲刃，但如果太用力去研磨，產生的捲刃會因此變大變厚。當捲刃太厚，為了去除掉就必須再多研磨，這樣將難以磨到尖銳。此外，若研磨時間變長，研磨的面也容易產生歪斜。

如果是小的捲刃，只要在以細磨石研磨過之後，以手指碰觸就可以去除，請以此為目標來努力。

研磨完之後，塗上油就算完成了。

16.
打鑿的研磨基本角度是30°。以玄能鎚敲打的衝擊力會很大，如果角度太小，將有容易產生缺角的危險。就算角度不對，不要一次就想修正好，要一邊使用一邊研磨，慢慢地修正。

17.
讓斜刃面靠在砥石上，以右手的食指與大拇指緊緊地壓住。

18.
將左手的食指與中指也放上，以較小的來回距離、不改變角度的方式來研磨。用細磨石來研磨時，也要用同樣的拿法。

19.
研磨結束之後一定要塗上油。

製作筆直研磨刀幅較小的鑿刀用的治具

研磨鑿刀只要先研磨鋼面，再將斜刃面磨銳利，只要懂得這些單刃的刀刃基本研磨法，任誰都會研磨。但是，要研磨像五厘（1.5㎜）、一分（3㎜）、二分（6㎜）這種刀幅較小的鑿刀時，研磨時無論如何都可能會讓刀刃變傾斜。

因此，接下來，要介紹可使用廢材簡單製作、用來筆直研磨刀幅較小鑿刀的治具製作方法。要在木片上切出細小又正確的直角孔，是很困難的，但這裡要用貼合的方式來做，會比較簡單。

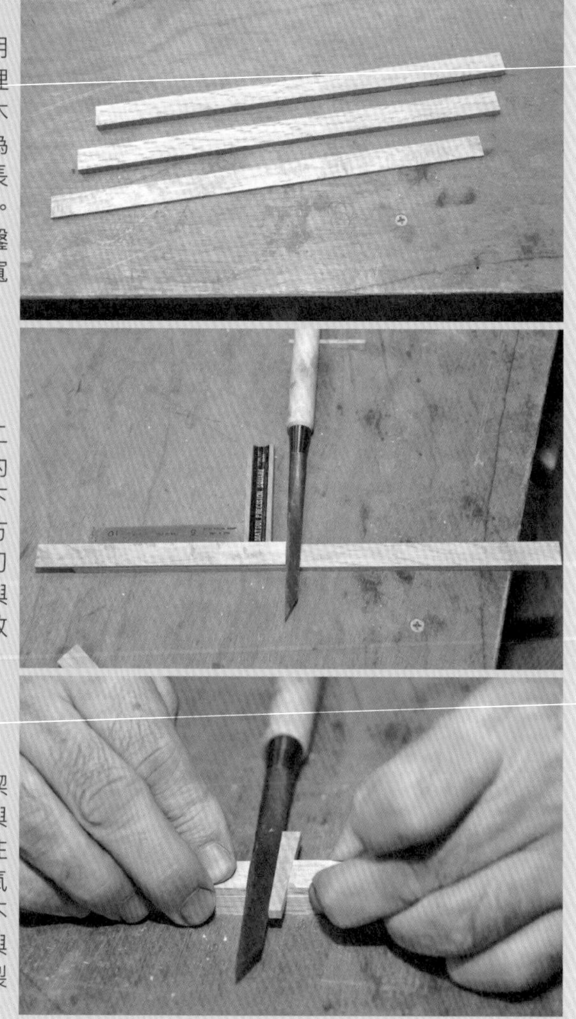

①
製作治具的材料，要使用較硬的闊葉樹材。照片裡是由橡木的廢材切下的木材。要切出兩根厚度為5mm、高度為10mm、長度為100mm左右的板材。另一根板材，則要配合鑿刀的刀幅來決定厚度。寬度小一點比較好。

②
木條要配合鑿刀刀幅，由正中央切開，切成二等分。將一開始切下的5mm厚度的木條墊在下方，在上方以照片中的方式，將刀頭成直角將鑿刀放上，再將切成一半的與鑿刀刀幅相同的板材，放在鑿刀鋼面那一側。

③
在鑿刀刀背那側放上楔子，再以剩下那一半與鑿刀刀幅相同的板材夾住楔子。接下來，要以環氧樹脂的白膠來黏著，但不要將楔子黏住。楔子由與鑿刀相同刀幅的板材來製作。

製作固定角度的治具

要研磨刀幅較小的鑿刀的困難之處，在於斜刃面的面積太小，研磨時斜刃面會左右晃動，刀片會因此被磨得歪斜。

因此，我製作了可一邊維持研磨角度，又可減少左右晃動的治具。

材料是由較硬的闊葉樹材（橡木或櫸木等）的廢材，切下兩根厚度5mm、高度10mm、長度100mm左右的板材。另一根與鑿刀刀幅有相同厚度的薄板材，則要切成兩半。

構造非常簡單，在切下的其中一根板材上，放上切成兩半的兩根薄板材，在中間留下可以放入鑿刀刀頭與楔子的寬度，再由上方放上另一根板材與之貼合。

楔子的斜角如果與鑿刀不合，則無法放緊，貼合之後要慢慢削切，替斜角的角度進行微調。

讓斜刃面與治具的角度相合

接下來，要在將鑿刀以楔子固定的狀態，拿尺對著斜刃面，在尺與治具交叉處畫線做記號，用鋸子鋸下。

會碰到砥石底的治具切口上，貼上不鏽鋼膠帶。

確認斜刃面、與接觸底的治具切口面在同一平面上，在這個狀態下，開始研磨。

治具是刀幅較小的鑿刀，有幾把就要幾個，每把都要製作專用治具。

④
將剩下的板材放在上面。確認沒有空隙，再次塗上環氧樹脂白膠，以這個狀態來做固定。白膠有可能會跑出來，要在乾燥之前將鑿刀拔出。

⑤
膠乾燥了之後，再次放入鑿刀，確認固定的狀態。如果太鬆，就要削切楔子做調整。接下來，將尺放在斜刃面上，在與治具交接處畫線做記號，以鋸子切下。

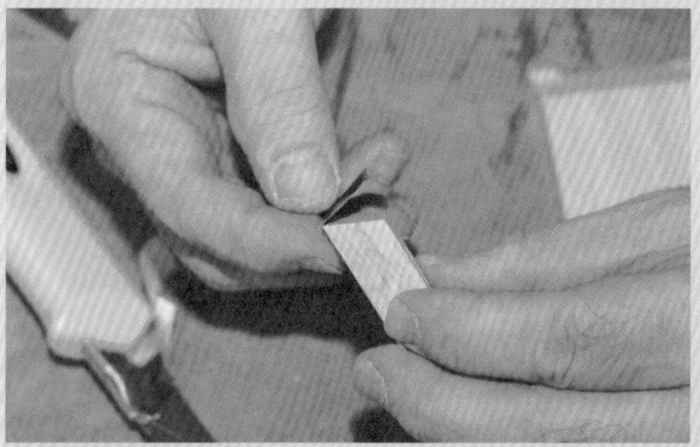

⑥
用鋸子鋸下的斷面（木材切口），因為會接觸到砥石，要事先貼上不鏽鋼膠帶。

⑦
確認鑿刀的斜刃面與治具的斷面位於同一條直線上，如果有偏差，就拿下楔子調整至能吻合。

⑧
治具與斜刃面雙方都能碰觸到砥石，因此可以安定地進行研磨。這樣也可以減少左右的晃動，但即使是堅硬的不鏽鋼膠帶，也會磨損，要在刀鋒那一側施加力量研磨。

內丸鑿・小工具等的研磨

內丸鑿（高橋特出鑿製作所）

同樣是圓鑿，內丸與外丸的用途就完全不同。內丸鑿不適合用來挖鑿正確的直線，會形成的是宛如往下挖取的鑿痕。內丸鑿與小工具，是木作職人或指物師經常用來做雕刻等使用，雖然不講求平面與直線，但正因為沒有一定標準，在研磨時需要去適應。

內丸鑿的研磨方法

配合砥石的曲面

比起有筆直刀刃的追入鑿或鎬鑿，內丸鑿的研磨沒有必要講求砥石的平面。但是，需要有能夠配合刀刃曲線溝鑿的砥石。

研磨方法也沒有制式的規定，最重要的是磨好的刀刃必須左右對稱，以及不能讓刀刃的曲面產生歪斜。

一開始就附有圓形溝槽的砥石，市面上也有在販賣，但能與鑿刀的曲面完全吻合的商品，是不可能有的。但就內丸鑿來說，在研磨的過程中砥石就會逐漸減少，而形成能與該把鑿刀刀刃曲面相符的溝槽。也就是說，不用買專用砥石，在使用的過程中就自然會產生專用的砥石。因此，要選擇較軟的砥石，並且，盡量使用同一個地方來研磨。

一開始要在同一處進行前後移動，是很困難的，因此要將尺放在砥石上，使用鑽石砥石的角來刻出溝槽。然後，不要超過這條溝槽來研磨刀刃。溝槽的寬度還很狹窄時，砥石的角會磨掉刀刃，因此，要盡量一邊改變刀刃的角度，一邊加大溝槽來做研磨。

此外，進行研磨的人也會有自己的習慣，因此，偶爾要將砥石前後交換，注意必須磨出左右對稱的刀刃。

鋼面要用帶圓面的砥石來研磨

斜刃面的研磨也一樣，要用中間石開始研磨，直到出現捲刃為止。接下來，要用細磨石將斜刃面充分研磨過，最後則要由鋼面來研磨，但這裡用平坦的砥石是沒辦法研磨的。看是要購買市售的有圓面的小砥石，還是將大砥石以研磨機等切下來製作。這時要使用的是鑽石砥石，在砥石上做出與鋼面吻合的曲面。

研磨鋼面時不是拿著刀刃來研磨，而是要拿著砥石來研磨。為了要有效率地研磨，也可以使用粉末GC等來當做研磨劑。因為目的只是要去除捲刃，要注意不要研磨過頭。

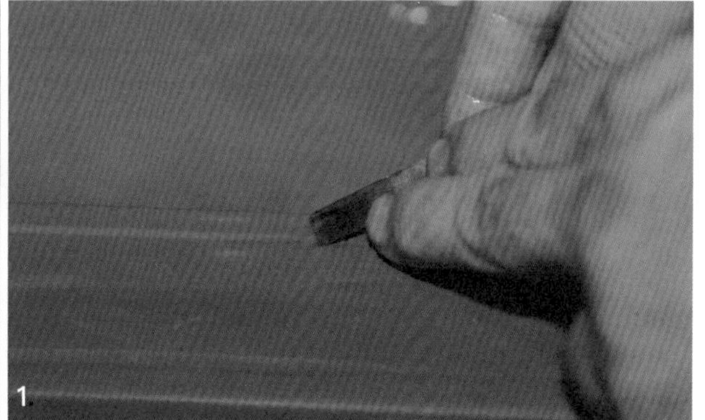

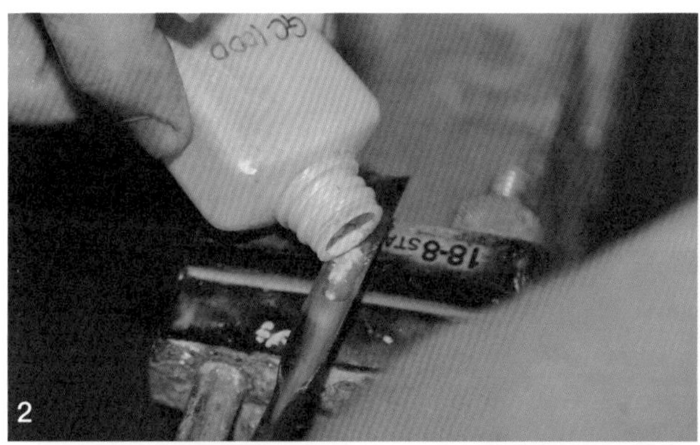

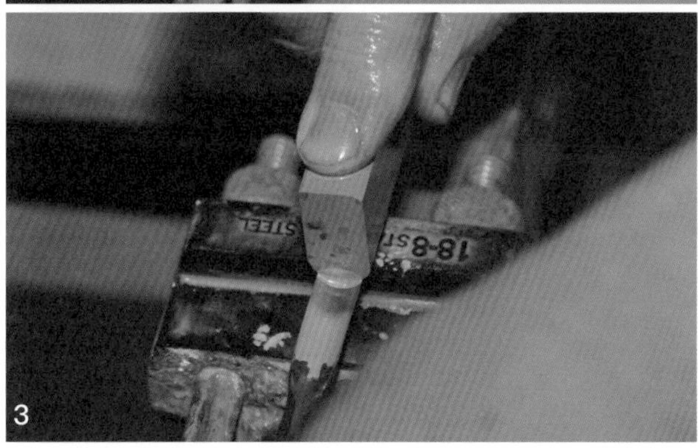

1. 在砥石上做出筆直的凹槽進行研磨。以一邊以轉動刀刃的移動方式來研磨，維持均等的曲面。溝槽會慢慢變深，變成與刀刃的面有相同曲面。偶爾要改變砥石的方向，確保研磨方法沒有偏向單邊。
2. 將些許GC的粉末＃1000放在鋼面上。沒有粉末也可以進行研磨，確認有使用跟沒有使用時的差別，選用適合自己的研磨方式即可。有使用粉末，則會比較快能與曲面吻合。
3. 研磨時不要施加過大的力量。研磨完斜刃面，整理就算幾乎完成，這裡只要去除捲刃就可以。研磨的次數也不需要太多。

製作專用砥石

為了研磨內丸鑿，需要有凹凸曲面的砥石。如果是專門做木雕的人，應該手邊會有一定數量的砥石；但如果內丸鑿只是興趣用，為了研磨它而準備專用的砥石，實在太大費周章。

無論是中間石還是細磨石，如果想要與筆直的刀刃共用一塊砥石，有個解決方法，即可以選擇沒有底台的砥石，分別使用表面與背面。

因為不會以很長的移動距離來研磨，可以將砥石橫著使用。

此外，已經產生磨耗、或是裂開了而無法研磨筆直刀刃的砥石，也能夠使用。

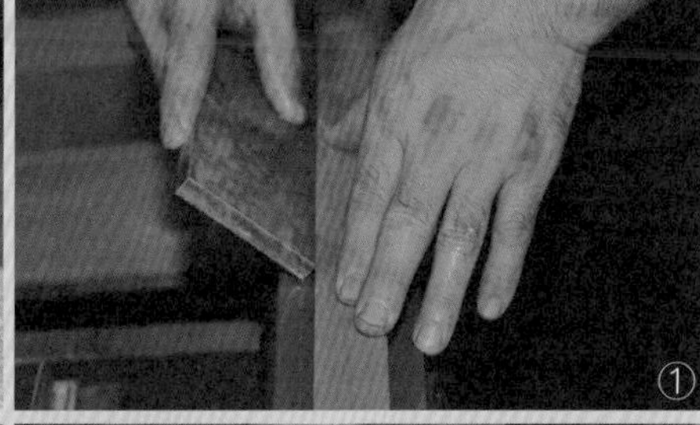

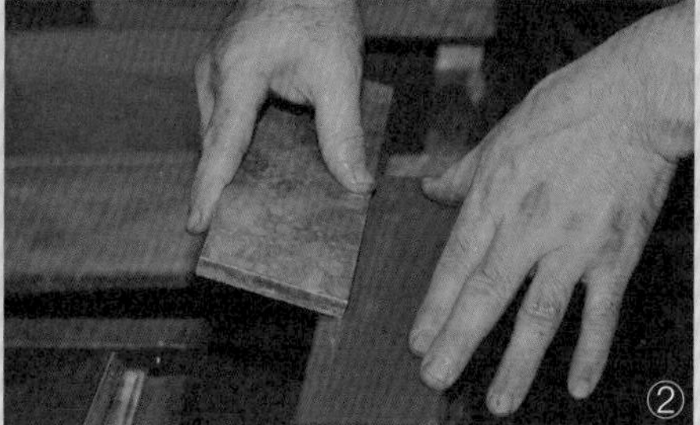

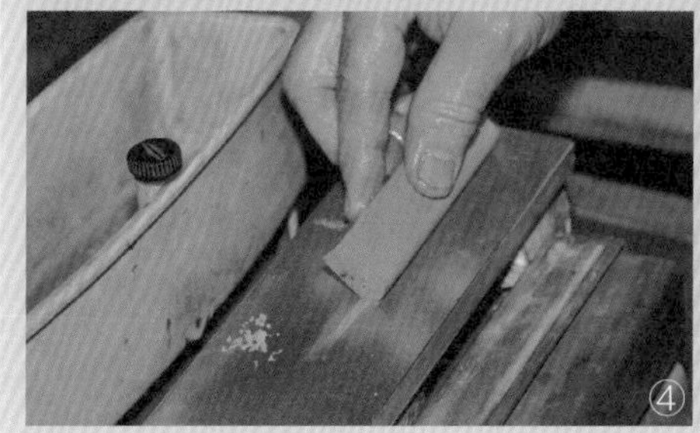

①以角材等當做尺，使用鑽石砥石的角在中間石上磨出凹溝。柔軟的砥石較容易做出研磨曲面。
②改變放在砥石上的鑽石砥石角度，來加大在中間石上挖出的V字型凹溝的角度。
③不需要長的移動距離，也有將砥石橫向使用的方法。
④用來研磨凹面的砥石，使用廢材或產生磨耗的砥石就足夠。

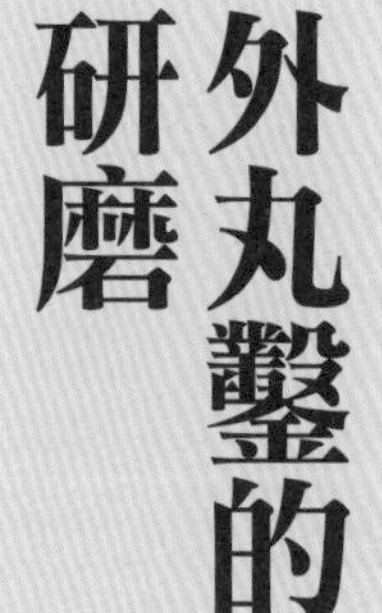

外丸鑿的研磨

外丸鑿（高橋特殊鑿製作所）

內丸鑿是以挖取般的方式來做雕鑿，外丸鑿則是以直線來雕鑿。在會用到圓柱或圓形木材的建築中，外丸鑿則是用來開圓孔。與內丸鑿不同，斜刃面要用整成平面的砥石，如同追入鑿一樣做研磨。

外丸鑿的研磨方法

配合砥石的曲面

同樣是丸鑿，相對於內丸鑿是常被使用在木頭雕刻等的雕刻工具，外丸鑿則完全屬於木作工具。

在建築上不只會使用角材，也會使用圓柱或圓形材。要裝設的加工部位需要開圓孔時，必須使用到外丸鑿。內丸鑿是在呈現彎曲的刀刃內側有貼鋼，於外側有斜刃面；外丸鑿則與之相反。貼鋼的面以及內凹構成凹狀的曲面，由刀鋒至鑿頸為止為直線，在挖鑿圓孔時當做基準使用。

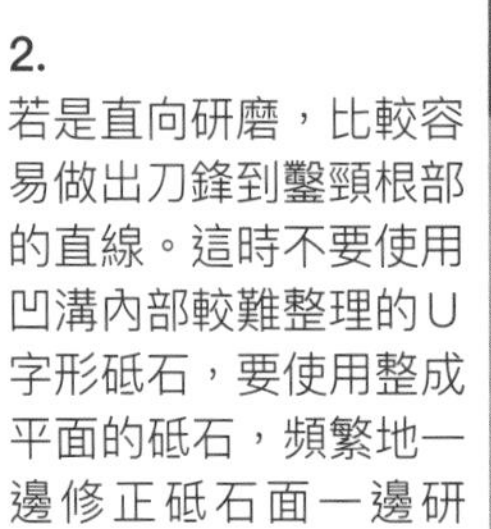

因此，研磨外丸鑿時，內凹必須整面都接觸到砥石，要以整成平面的砥石來研磨。當然也不可破壞掉曲面，要一邊轉動鑿刀一邊來研磨。斜刃面因為是平面，當然還是要以整成平面的砥石來研磨。

1.
鋼面要注意不要破壞到曲面，一邊轉動一邊研磨。由刀鋒到鑿頸根部，也要注意保持為一直線。

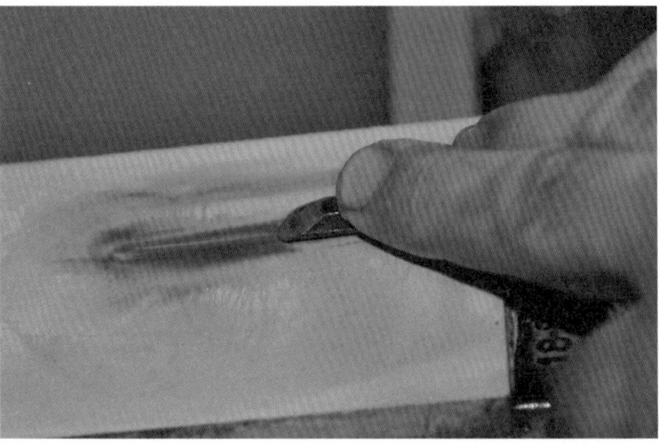

2.
若是直向研磨，比較容易做出刀鋒到鑿頸根部的直線。這時不要使用凹溝內部較難整理的U字形砥石，要使用整成平面的砥石，頻繁地一邊修正砥石面一邊研磨。

3.
刃線雖然是曲線，但斜刃面為平面，可與普通的平鑿一樣做研磨。

插入玄能鑿握柄

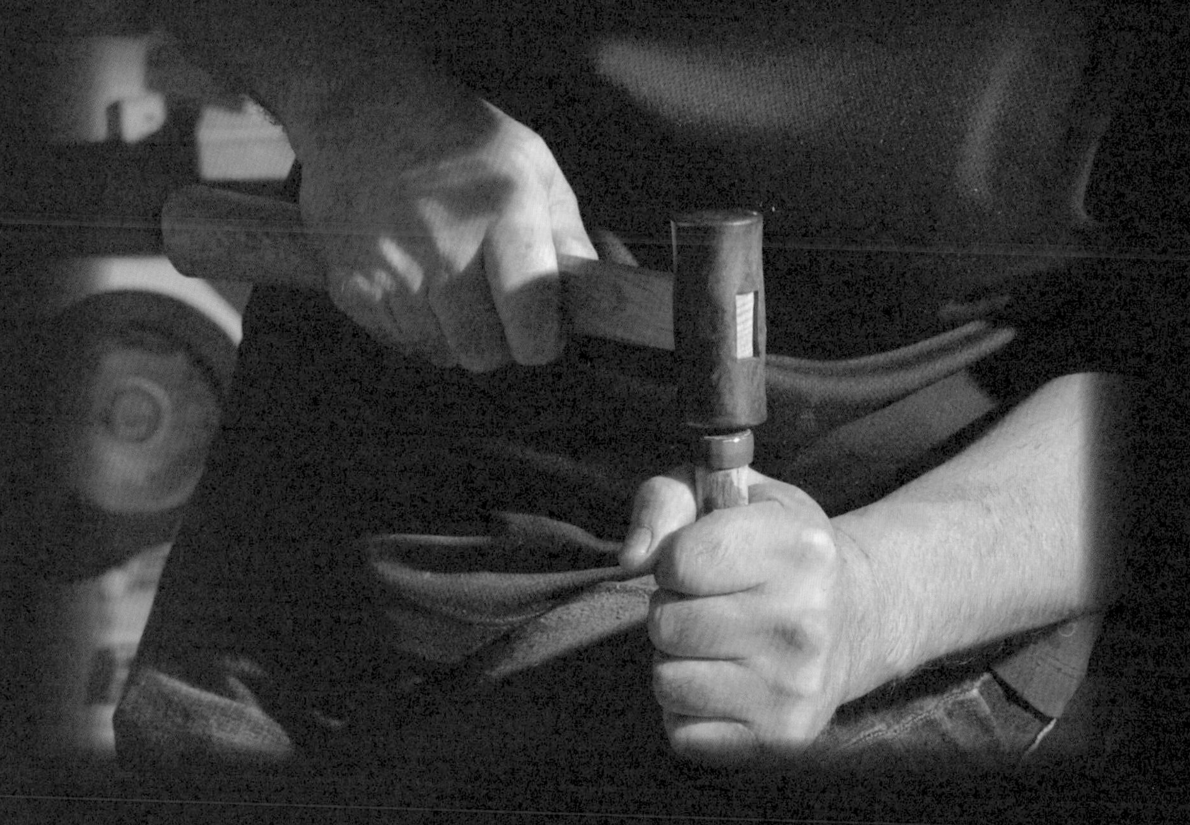

插入玄能鎚握柄

相田浩樹　作　四角玄能　120mom
（譯註：mom為日本尺貫法中的質量單位，1mom = 3.75g）

玄能鎚的形狀有四角、八角、達摩（譯註：鎚頭粗且較短的玄能鎚）、一文字（譯註：鎚頭上下為平面，其餘部分為圓型）等。可根據使用目的與喜好，來決定形狀與重量。表面加工處理的種類，有黑色加工處理、銼刀加工處理、以及木紋風加工處理等，根據製作工程的多寡，價格也不同。握柄也有整理至某種程度的市售品，使用上較方便。

玄能鎚的使用目的

一般的家庭中，只要是在木柄上附有金屬鎚頭的，好像都會以「鐵鎚」這單字來涵蓋。木工創作者或職人之間，則會根據使用目的與形狀，而用「玄能」區分出來。

關於兩者之間的區別，因為根據使用的職業種類而有些微差別，因此，在這裡不多加敍述。但玄能鎚並不只是用來釘釘子，若把它想成是使用鑿刀時的工具，如同使用在製作細膩的木雕上的鑿刀，與使用在挖掘柱等卯眼的鑿刀，是完全不同的。玄能鎚也一樣，有各種種類。此外，根據使用者的體力與使用材料的不同，也要使用不同的玄能鎚。因此，在日常生活中會當做工具來使用的人們，會購買自己需要的形狀與重量的玄能鎚頭，再插上適合自己長度的握柄來使用。

由專門的打鐵舖打造的玄能鎚頭中選擇需要的商品，再插上自己喜歡的長度、材質的木柄，是非常普遍的事情。

因此，在這裡要説明的，是假設玄能鎚的鎚頭與握柄為分別購入，再自己插上木柄來使用時的作法。對業餘者來説，應該也可以將玄能鎚當做一個作品，而愈使用愈喜愛吧。

關於使用過的玄能鎚

這裡要使用插入的握柄，是120mom的四角玄能鎚。四角玄能鎚是由木工人開始，到各種職人都會使用的一般形狀玄能鎚。

玄能鎚一般會以重量來劃分尺寸。單位是「mom」。Mom是尺貫法中表示質量的單位，1mom=3.75g，因此，120mom就是450g。也有標示簡單易懂的公克來販售的商品，但基本都是以80mom、100mom這樣的單位來製作，然後再換算為公克。

最常被用來製作握柄的木材是白橡木，其他也會使用茱萸木、溲疏、小葉石楠等木材。此外，考慮到外表美觀，也會使用黑檀木，但基本上，具有硬度黏性又高的木材，比較適合用來當玄能鎚握柄。

圖1. 玄能鎚各部位名稱

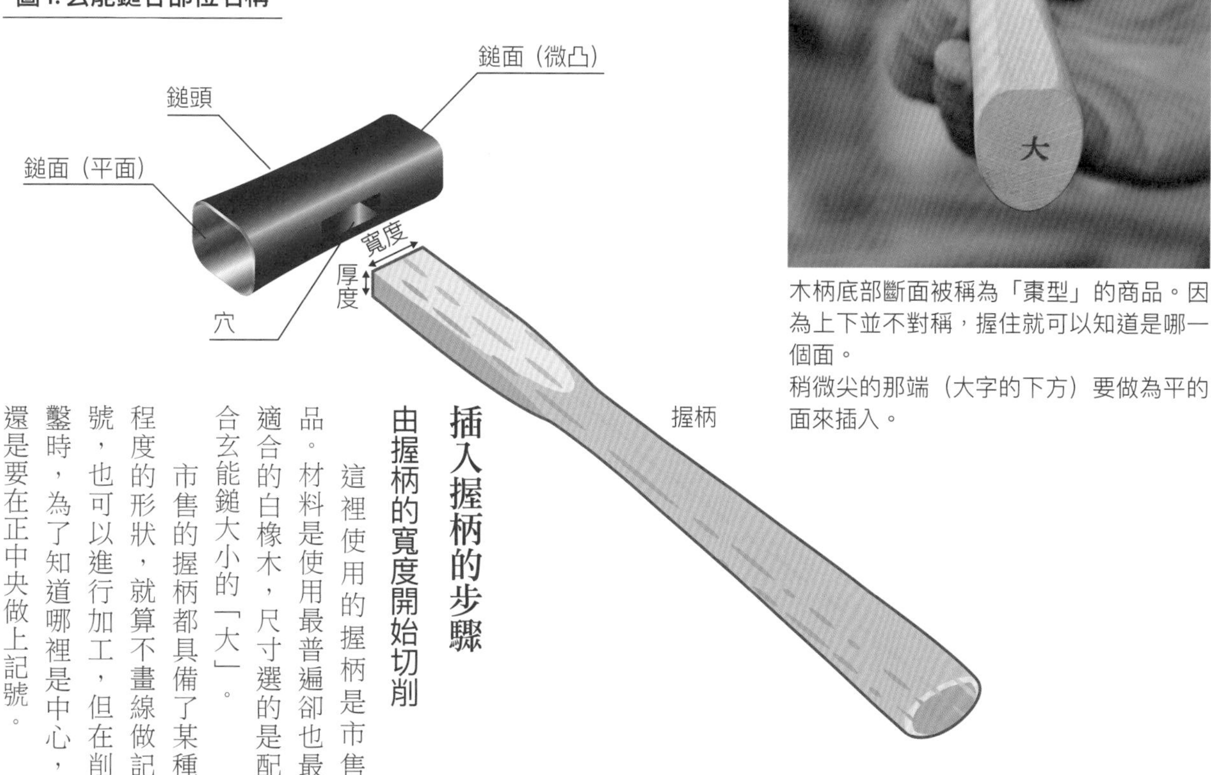

木柄底部斷面被稱為「棗型」的商品。因為上下並不對稱，握住就可以知道是哪一個面。
稍微尖的那端（大字的下方）要做為平的面來插入。

插入握柄的步驟

由握柄的寬度開始切削

這裡使用的握柄是市售品。材料是使用最普遍卻也最適合的白橡木，尺寸選的是配合玄能鎚大小的「大」。

市售的握柄都具備了某種程度的形狀，就算不畫線做記號，也可以進行加工，但在削鑿時，為了知道哪裡是中心，還是要在正中央做上記號。

1.
市售的握柄都具備了某種程度的形狀，但還是要將整體都刨削過。為了知道中心在哪裡，要先畫線。

2.
一開始要先刨削微凸鎚面那一側，將此面當做基準，刨削相反側來決定寬度。放上尺，在最初要刨削的線上做記號。

首先，要讓鎚頭的穴與握柄的寬度相吻合。握柄是利用橫向來卡住，讓玄能鎚頭不能拔下，因此木柄的寬度要削成比穴寬上1至1.5mm。

平坦方形鎚面朝下直立起時，這個玄能鎚頭要讓握柄尾端可以呈現懸浮約15mm高的狀態來插入握柄（參考137頁照片27）。因此，一開始，要在木柄靠近微凸鎚面那側畫下削切線，與玄能鎚頭比對看看，確認握柄是以尾端比平面還朝下的角度插入。這裡的目的是做出基準面，由相反側來削去，多留下1.5mm左右的額外寬度是很重要的。

以木工用的虎鉗，讓要刨削的那一側（微凸鎚面側）朝上，將握柄固定住，將木柄刨削至畫線部分為止。

讓削去的那一側與玄能穴緊密貼合，在相反側要削去的位置上做記號。這個記號要標在玄能穴外大約1.5mm的地方。將這個記號當成起點，並將最初刨削過的面當做基準，畫出要削去的平行記號線。為避免削過頭，在要刨削的整個面都用鉛筆等塗黑，一邊確認實際削去的量，一邊調整寬度。

將寬度方向全部都整理過

當要放入玄能穴的部分按照預定刨削後，要將寬度方向全部削過一次，由側面來整理出形狀。

這裡最方便的就是翹鉋。

市售的翹鉋大多彎曲度很大，因此，要用小鉋自行製作出彎曲度較小的鉋刀來使用。在誘導面用尺測量看看，可以看到鉋台的兩端稍微翹起（照片8）。這個鉋刀的優點，就是不會在握柄上削去比翹起角度多的部分。

3.
畫線做上記號後，與鎚頭的穴比對看看。讓平的面朝下，確認握柄尾端是呈現懸浮一根手指頭左右高度（約15mm）的狀態。
重量若是80至100mom，懸浮高度是15mm左右；如果是更重的玄能鎚，要增加高度。

4.
用木工虎鉗將握柄固定住，以小鉋刨削至畫線記號。將此面當做基準，削去相反側來配合玄能穴的寬度。

5.
讓微凸槌面那一側的玄能穴，與剛才刨削的線對齊，在相反側要刨削的位置上做記號。記號要標在比玄能穴寬上約1.5mm處。

6.
玄能穴幾乎是平行的，要放入穴中的部分也要削成平行。以最初刨削過的面做基準，在相反側畫上平行的記號線。為了不要削過頭，在要刨削的整個面都用鉛筆或原子筆塗黑。

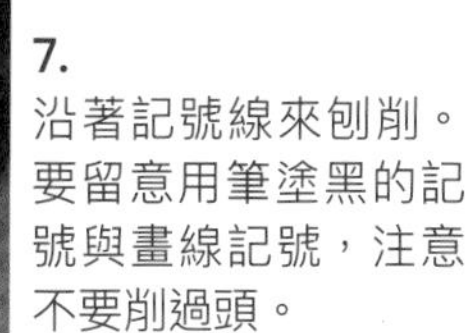

7.
沿著記號線來刨削。要留意用筆塗黑的記號與畫線記號，注意不要削過頭。

8.
以小鉋自行製作的翹鉋。用尺測量誘導面，可看到鉋台的兩端都有一點翹起。

以玄能鎚的握柄比對看看，可以看出翹的程度是完全吻合的。

若沒有翹鉋，可使用小鉋以斜向來刨削，或是用木工銼刀來刨削。為避免刨削過頭，要一邊確認整體的輪廓，有耐心地慢慢削去，整理成美麗的曲面。

調整厚度

刨削完寬度的方向，接著要調整厚度。要減少厚度，還是小鉋或翹鉋最方便。

握柄要放進玄能穴的部分，要盡量削成平行。如果沒有削成平行，將握柄放入玄能穴中時，最後將會很難放進去。

一開始用小鉋來減少整體的厚度。手握的部分，如果太細，將很難握住，靠近握柄尾端那一側不要削掉太多。

握柄的整體輪廓是由前端至尾端，有著弓形的微緩彎曲。這裡要用剛才使用過的彎曲角度小的自製翹鉋，讓握柄的前端朝下來拿著，由較粗的那一端開始削，較不會產生逆木紋。

9.
用翹鉋來刨削，就不用擔心削過量。因為翹鉋幾乎變成了玄能握柄的專用鉋刀，如果沒有，就用小鉋或木工銼刀。

10.
要用木工虎鉗夾住來刨削，但不要怕麻煩，要隨時拿下來一邊確認輪廓，一邊刨削。

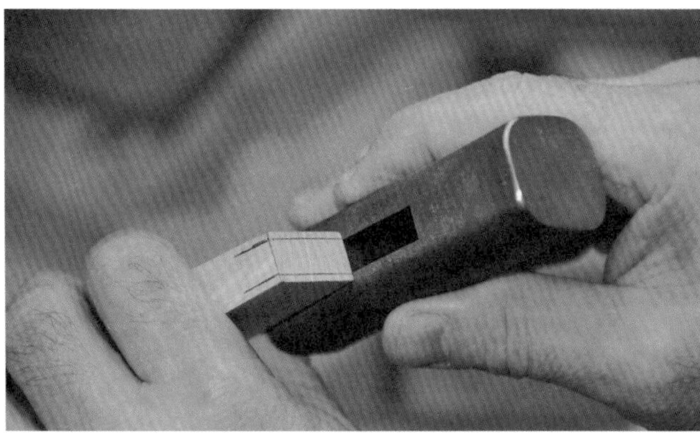

11.
配合玄能穴的厚度，標上畫線記號。最後還要微調，與其畫得準確，不如畫得較厚一點。

　要放入玄能穴的握柄部分，因為不希望削掉角的部分，幾乎都用鉋刀來刨削，然後以刮刀來做微調整。

　握柄整體的最後加工，要使用木工用銼刀。要盡量讓銼刀以很淺的角度對著握柄，只削掉較高的部分，可以有效率地削去多餘的膨脹部位。

12.
以小鉋來減小整體的厚度。要放入玄能穴的部分，先不削也可以。

　厚度要調整成左右對稱，要一邊不停由木柄尾端確認左右被削去的狀況，一邊刨削。

手握部分的造型

13.
讓木柄尾端朝上拿著，使握柄直立於桌上，以翹鉋將整體削成弓形。

　完成這些步驟後，寬度與厚度的交接面，其相接的部分會成為直角，為了能好握，要磨掉手握部分的邊角，讓所有的面的交接處都可以變滑順。要磨掉的邊角大小視個人的喜好。因為是自己常用並愛用的玄能鎚，要一邊握住來做確認，一邊反覆以鉋刀或銼刀來做微調整，將邊角磨去。

　請一邊使用玄能鎚，一邊調整為自己喜歡的形狀吧。

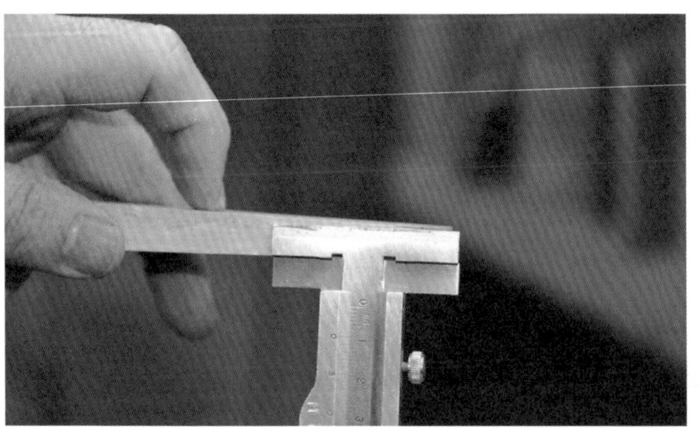

14.
將放入玄能穴的部分對著畫線儀，一邊確認為平行，一邊慎重地削去。

15. 要放入玄能穴處的微調工作，以無垢高速鋼材製作的刮刀為最方便。

16. 讓木工用的銼刀以極淺的角度對著握柄來使用。這樣一來，就可以高效率地削去握柄上凸出的部分。要留意的是，不要將要放入玄能穴部分的角削成圓形。

17. 由握柄尾端那一側來確認左右的平衡。

18. 削完的握柄。考慮到插上玄能鎚頭時的平衡，愈往握柄尾端的傾斜，角度就愈大。

19.
玄能的鎚頭，通常在放入握柄那一側的玄能穴旁，會留有打鐵舖的記號，要將那一側的玄能穴周圍的邊角磨去。

20.
在距離玄能穴周圍約1mm外側，貼上紙膠帶。這個膠帶的邊緣，是磨去邊角時的範圍記號。

磨去玄能穴的邊角

握柄整理完成之後，接下來，要整理插入握柄那一側的玄能穴，將邊角磨去。

一般來說，在插入握柄那一側的玄能穴的面上，會印有打鐵舖的記號，要讓那一面朝上，以虎鉗確實地固定住玄能鎚頭。

磨去邊角的程序，要使用中間顆粒的細工用銼刀來進行。首先，為了避免磨去時傷到鎚頭的表面，要先貼上保護膠帶。將保護膠帶貼在距離玄能穴約1mm外側的地方，可將膠帶邊當做磨去邊角的記號。

邊角必須框住比玄能穴稍大的握柄，如果削出銳利的角度，將會讓握柄開岔。要對著玄能穴直向拿著銼刀，以較淺的角度來磨掉邊角。

要磨去的程度，可用握柄的前端放在玄能穴做比對，比起磨掉的邊角部分，握柄的斷面一定要更偏內側。在磨掉邊角的部分塗上油，避免生鏽。

插入握柄

要將握柄插入玄能穴之前，要先將握柄的前端以玄能鎚敲打過。如果敲太大力，將會把木頭的纖維給敲壞，好不容易插入的握柄，將會因此容易脫落。這裡不是要將木頭打小一點，而是為了一開始容易放進去，用把邊角敲圓的感覺來進行。

插入握柄的作業，要戴上止滑的手套來進行。因為如果手打滑，敲打時傳遞出去的力量將會變弱。

在桌上鋪上抹布，在上面放上玄能鎚頭，將握柄放入玄能穴中，由尾端以玄能鎚稍微用力敲打。

21.
以直向來使用銼刀，削出較淺的角度。如果是45°，將會碰觸到握柄的角，握柄將會開岔。

22.
磨去邊角的玄能穴。塗上油，讓磨掉的邊角差不多可以碰觸到握柄切口的邊角，這狀態是最剛好的。

23.
在插入握柄之前，要以能去掉邊角的程度，用玄能鎚將邊角敲圓。

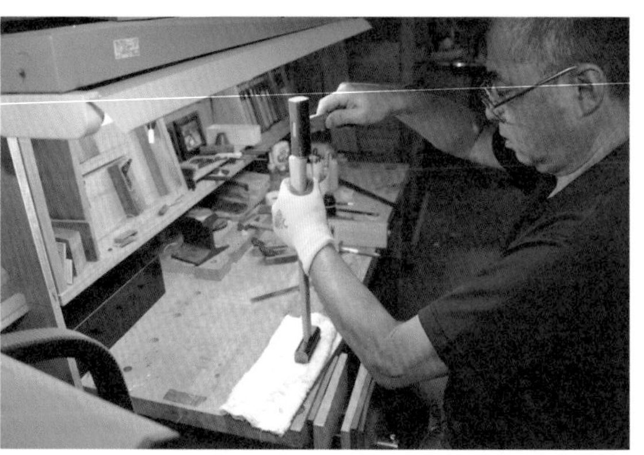

24.
在玄能鎚頭的下方墊上抹布，將握柄敲入。不是用力量，而是利用玄能鎚重量的感覺來進行。

前端泡水。之前被敲打程體積較小的握柄前端，會因此膨脹而較不易脫落。

一開始先不要太過用力，慢慢地將木頭體積敲小的方式來敲打。插入至一定程度之後，要讓玄能鎚頭朝下，懸空拿住玄能鎚，從握柄尾端來敲打。握柄還在往前推進時，敲打的時會發出「喀鏘」的響亮聲響，不前進反而會變成「空」的聲音。大概插進八成時，聲音會改變，就是該停止的時候。如果沒有敲打到八成時聲音就改變，要再次將握柄拔出，削一下握柄的前端。不要想一次就成功放進去，先讓握柄習慣玄能穴的環境後，再完全插入，會讓握柄與玄能穴的吻合度較高。

拔下握柄時，要將玄能鎚頭以虎鉗等夾住，在玄能穴中放進與穴大小幾乎相同的木片，如圖2般敲打來拔下。

玄能握柄在使用過程中，無論如何都會逐漸變鬆，一旦變鬆，就要從尾端將握柄再次敲打回去。

最後，要使用刳小刀等削去握柄尾端的邊角。

如果變鬆了，要由握柄尾端再次敲打進去，然後將握柄

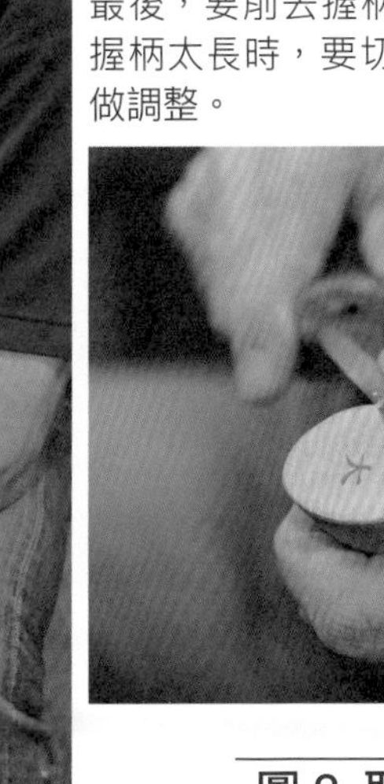

25.
敲打握柄尾端時，若還沒有完全插入，會發出響亮的聲響。完全插入後，聲音就會消失。

26.
最後，要削去握柄尾端的邊角。當握柄太長時，要切下尾端這一側來做調整。

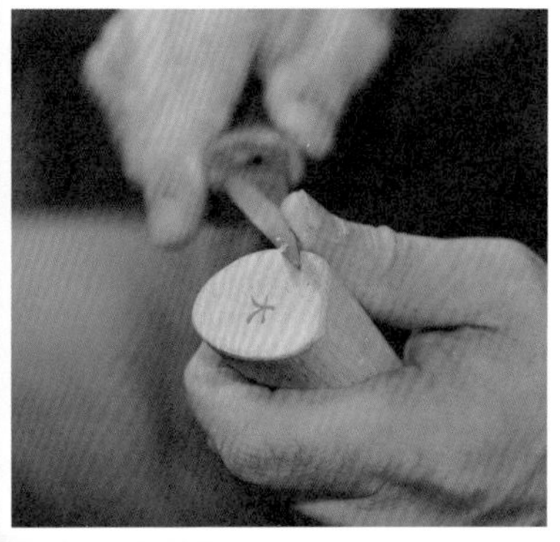

27.
將鎚頭的平面水平放置平台時，握柄尾端會呈現浮起15mm的狀態。

圖 2. 取下握柄的方法

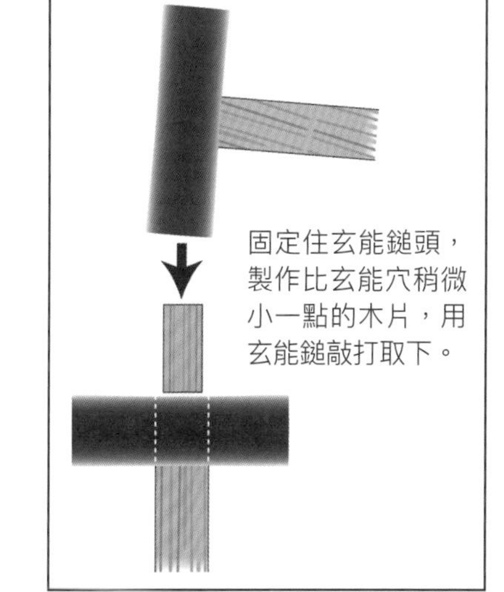

固定住玄能鎚頭，製作比玄能穴稍微小一點的木片，用玄能鎚敲打取下。

使用磁鐵薄片

充分利用木工用虎鉗

在進行木作材料的加工，或要整理木作手工具時，有了就會很方便的工具，就是木工用虎鉗。虎鉗最好選擇夾板的寬度較大、作業時比較不會產生晃動的堅固的商品。

一般來說，會在金屬的底板上用螺絲裝上保護板，來防止讓要固定住的加工物產生損傷，但即使保護板沒有確實固定住，也會與加工物一起被夾緊，其實沒有太大的問題。

因此，在這裡要介紹的是，在保護板的背面以雙面膠帶貼上磁鐵薄片，將保護板裝在金屬底板的方法。

這個方法的優點是，可以準備各種保護板，並且很容易根據要夾住的對象來分開使用。

除了最基本的單片保護板之外，還有要調整鉋刀誘導面的狀態時，可將鉋台以放置在上面的狀態來夾住，讓兩片有凸出部位的保護板面對面的樣式；以及要刨削玄能握柄時，會較方便使用的帶著斜度的木板等，可以製作出使用者容易將加工物固定住的保護板，每一次要使用時就可以簡單替換。

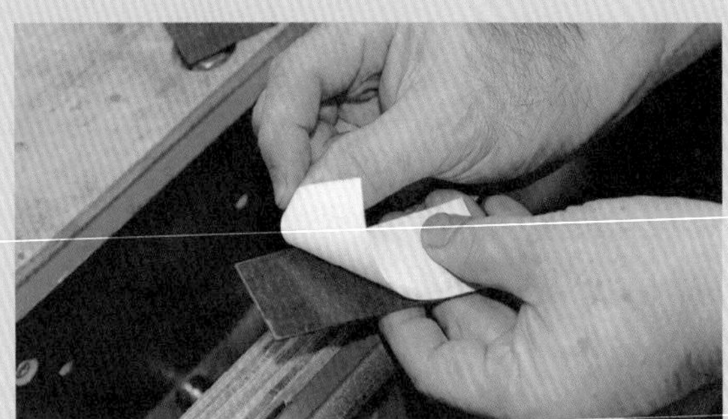

將磁鐵薄片用雙面膠帶貼在保護板的背面。這樣不只可以立刻交換，也可強力地固定住。

讓有凸出部位的保護板面對面來使用。製作成可放上鉋台，並且讓誘導面位於剛好的高度。反過來使用，就剛好是小鉋的高度。

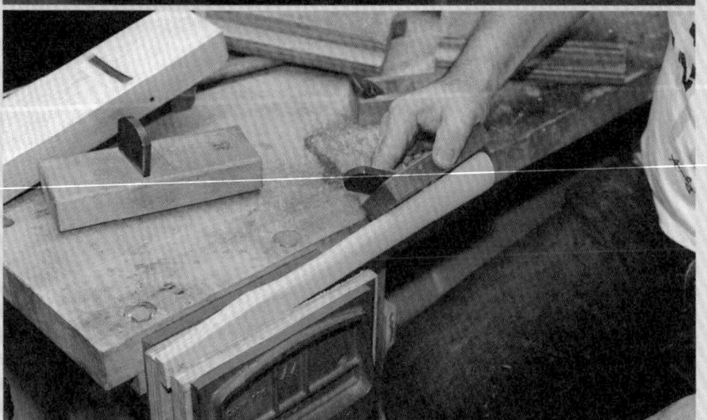

要刨削玄能鎚的握柄時，為避免握柄晃動，要夾住在保護板的斜面。

畫線工具・剳小刀的整理與研磨

白柿的研磨

為避免讓白柿的刀鋒產生損傷，要使用木製的尺來測量，或是最好能採取不讓刀鋒與基準面互相產生損傷的使用方式。

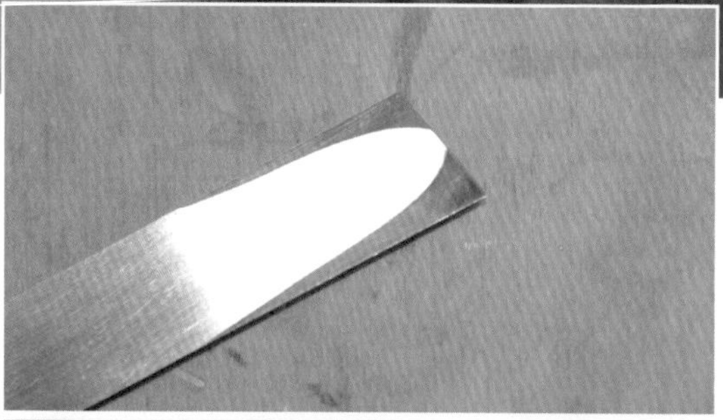

1.
鋼面被磨光的白柿。這裡是要和尺碰觸的面，如果鋼面被磨光，將會無法保持安定。要將刀鋒中央的內凹部分研磨到可以碰觸到砥石。

2.
鋼面要大致研磨到大拇指指甲邊緣。為避免太多內凹的部分被磨去，要在砥石的邊緣塗上白蠟，將顆粒填滿。

3.
使用＃1000左右的鑽石砥石來研磨鋼面。

白柿的研磨

配合使用方法的研磨

白柿與鑿刀或鉋刀不同，不是以切或削做為目的的工具。因為是要用來畫線做記號的工具，就算不銳利了，某種程度上也還是可以使用。只不過，鑿刀要沿著畫線記號挖鑿時，白柿畫下的線會變成引導線，所以最好可以確實畫下可清楚辨明的線。

白柿可以畫下比鉛筆還細的線，但因為會在木材上留下刻痕，之後很難去除。在要畫下事後有必要去除的線時，畫線的力度要輕，或是以刀刃的銳利度來做調整。此外，白柿大多會靠在尺上來畫線，有時會不小心削去尺的邊緣。為避免發生這種事，研磨刀刃之後，只稍微留下前端的部分，刀刃其他部分則磨鈍來使用。當然，若在其他作業時，需要使用到刀刃全體，就不需要這個作業程序。

由修正被磨光的鋼面開始

白柿跟鑿刀一樣，就算鋼面被磨光了，也不能打出鋼面。因為鋼面範圍很小，刀刃會碎裂的可能性很大，只研磨鋼面盡量讓鋼面可以碰觸到砥石。接下來，就開始進行數次研磨，進行可讓白柿的鋼面被磨光的研磨鋼面作業。

塗上白蠟的工程與鉋刀一樣。關於鋼面、斜刃面的研磨，基本上也沒有不同，若只要在刀鋒處留下少許銳利處，將其他部分磨鈍時，要將鋼面放在砥石上，以較長的來回距離移動研磨三至四次，來磨鈍銳角。只要磨到讓白柿靠在直角尺或一般尺畫線時，不會跑到尺的上方即可。

跑到尺的上方，手指有可能割傷，請詳細理解研磨過的刀鋒狀態。

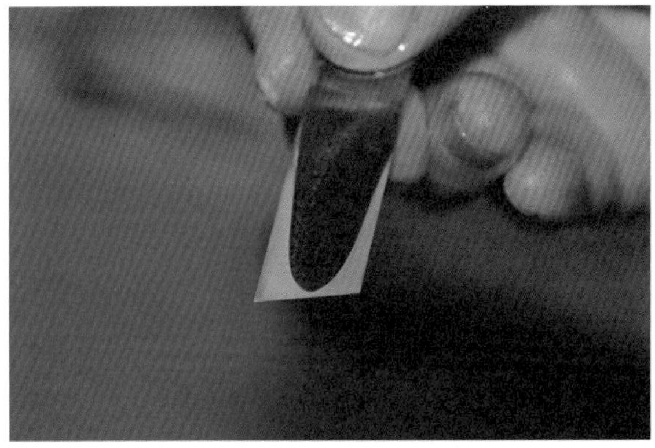

4.
如果接觸砥石的範圍太大時，面會較容易產生彎曲，因此，不要磨成太平的鋼面，稍微研磨一下，就要確認鋼面的狀態。鋼面會接觸到砥石的部位，如照片裡的程度就足夠。

5.
研磨鋼面。與鑿刀相同，以較短的來回距離研磨，注意不要將斜刃面給磨圓了。

6.
以指尖確認捲刃。磨出以指尖撫摸時可以稍微感覺到的細小的捲刃程度即可。

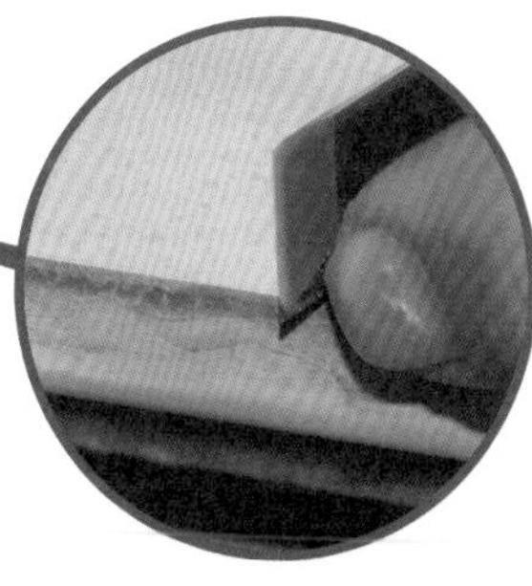

7.
研磨完畢後，除了刀鋒些許部位之外，其餘部分要磨鈍。

二丁鐮毛引的研磨與整理

二丁鐮毛引可在材料上同時畫下2條線，所以非常方便，但必須讓刀刃的高度能相合。

整理二丁鐮毛引

讓兩根刀刃有相同高度

毛引與白柿一樣，都是畫線做記號的工具。跟白柿不同的是，毛引是以木台為基底，可由木材的側面畫下平行的兩條線，而且只要能決定木台與刀刃的間隔，固定後，就可以將同樣寬度的平行線畫在很多不同的材料上。

1.
研磨要從鋼面的研磨開始。因為研磨的面積很小，來回動作要小，不要太過用力，較能保持安定。

2.
斜刃面的研磨要使用砥石的邊，不要讓木桿影響研磨。這裡也是來回動作要小，保持相同角度慢慢地研磨。

毛引有兩種，一種為刀刃為L字形，將兩根刀刃插在木台上的鐮毛引；另一種在插入木台上的木桿上、附有刀片的筋毛引。鐮毛引在彎曲成L字形的前端附有刀刃，兩片刀刃需要有相同高度，也因此研磨斜刃面時，木桿的部分會碰觸到砥石，在研磨上會有點麻煩。基本上，單刃的刀刃類研磨方法全都相同，以較小的來回動作，保持相同角度，就能夠保持安定感。

要將兩片刀刃調整為相同高度的方法，是要將凸出的那一根刀刃的斜刃面磨掉，以便與另一根刀刃有相同高度。

將木台修成平面

木台是要靠在材料上來做滑動，因此最好能夠是平面，以尺來測量看看，如果有凹凸不平，就要調整為平面。如果是經過長年的使用，木台一定會產生凹陷。

在平鉋誘導面的調整方法（70頁）中介紹過，在玻璃板上貼上砂紙的砥石，會很方便。使用刮刀或台直鉋，也可以修成平面。

3.
2根刀片的研磨方式是一樣的，重疊在一起比對看看。如果高度不合，就研磨較長那一根的斜刃面來縮短差距。

4.
用下端定規確認木台是否有歪斜。不需要像鉋刀的誘導面調整那樣精密的程度，但要偶爾確認一下。

5.
在玻璃板上貼上砂紙，將木台整成平面。這是最簡單又安定的方法。

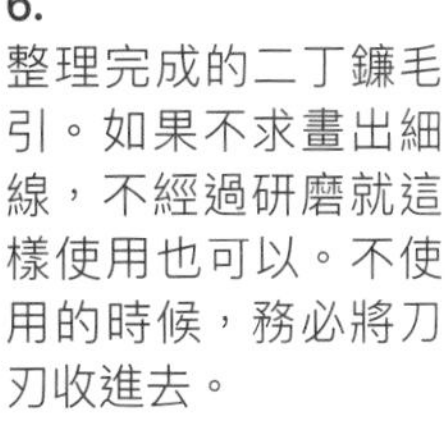

6.
整理完成的二丁鐮毛引。如果不求畫出細線，不經過研磨就這樣使用也可以。不使用的時候，務必將刀刃收進去。

筋毛引的研磨與整理

筋毛引是以在材料上畫下細長的線為目的，刀刃只要稍微凸出就可以使用。

研磨筋毛引的刀刃

筋毛引的木台或木桿基本都是木製的。使用方式是在木桿上插入小的刀刃，比起鐮毛引，木桿與木台較容易固定住，要畫單線來做記號時，多數人較喜歡使用筋毛引。

只不過，因為刀刃很小很難拿住，是比起鐮毛引還要難研磨的刀刃。

因此，在這裡要介紹可固定住刀刃治具的研磨方法。不需要太誇張的東西，只要使用廢材來製作就行。因為要用來夾住並固定住刀刃，材料要選

1.
製作良好的筋毛引，其刀刃與木台並不是平行的。用筋毛引畫線時，為讓木台與材料能附著在一起，將刀刃以斜向方式裝上。

2.
要拔下刀刃時，要使用鯉魚鉗等夾住刀刃的背部。不想損傷到刀刃，要以厚紙片等包住後再夾。往橫向移動的方式會斷掉，所以要往前後移動。

擇橡木或櫸木等硬木。

厚度為2㎝左右，寬度為毛引刀刃的三至四倍，切下容易拿住的長度，畫下可以將毛引刀刃放入的切口。切口的寬度如果太大，將沒有辦法固定住刀刃，因此，要用手鋸等有較薄刀刃的鋸子來切出切口。

夾住毛引的刀刃後，以兩根螺絲固定住。如果就這樣研磨，治具的下角將會碰到砥石，因此要將下角斜切掉。如果能以斜刃面傾斜的延長線來削切，治具的斜面就會剛好接觸到砥石，可維持一定角度。要研磨鋼面時，要將治具凸出的刀刃鋼面放在砥石上來做研磨。

如果不使用治具，只以手指固定處刀刃，為了確保斜刃面的角度，要從上方用食指壓住刀刃，以距離短的來回動作，不要施力來做研磨。

刀刃變鬆時以紙來調整

研磨完畢後，將刀刃插入木桿，讓刀刃凸出。刃的凸出長度要用力敲打來做調整，如果太鬆，就夾住紙片來做調整。

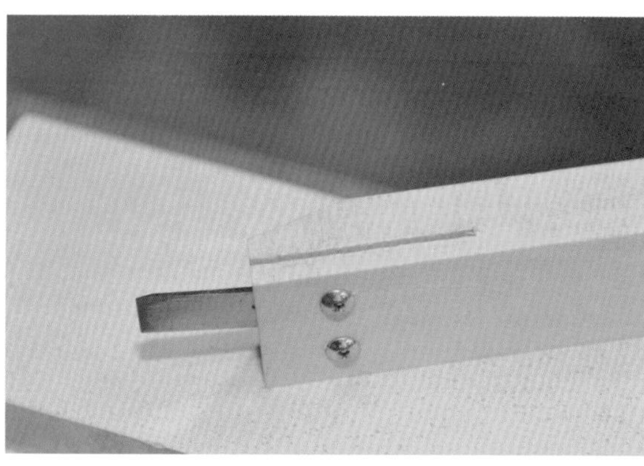

3.
可馬上製作完成的治具。要研磨難以拿住的小型刀刃時，製作出這樣的治具會很方便。固定住刀刃的螺絲，使用的是圓頭螺絲。這樣木頭裂開的可能性會較低。

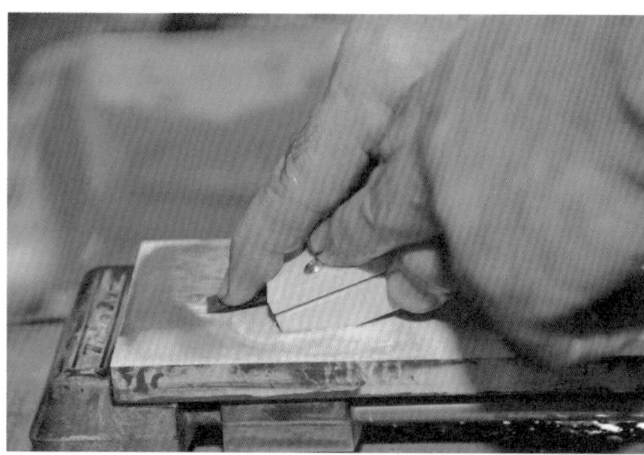

4.
讓斜刃面角度，與研磨過後的治具邊角的角度相同，就可以維持固定角度來研磨。

5.
如果不使用治具來研磨，要以較短距離的前後移動，不要用太多力氣來研磨。

6.
插入刀刃後就完成。用螺絲將木桿固定住的毛引形式，有的在木台上會有金屬零件。因為很容易就可以分解，與鑲毛引一樣調整木台即可。

研磨刳小刀

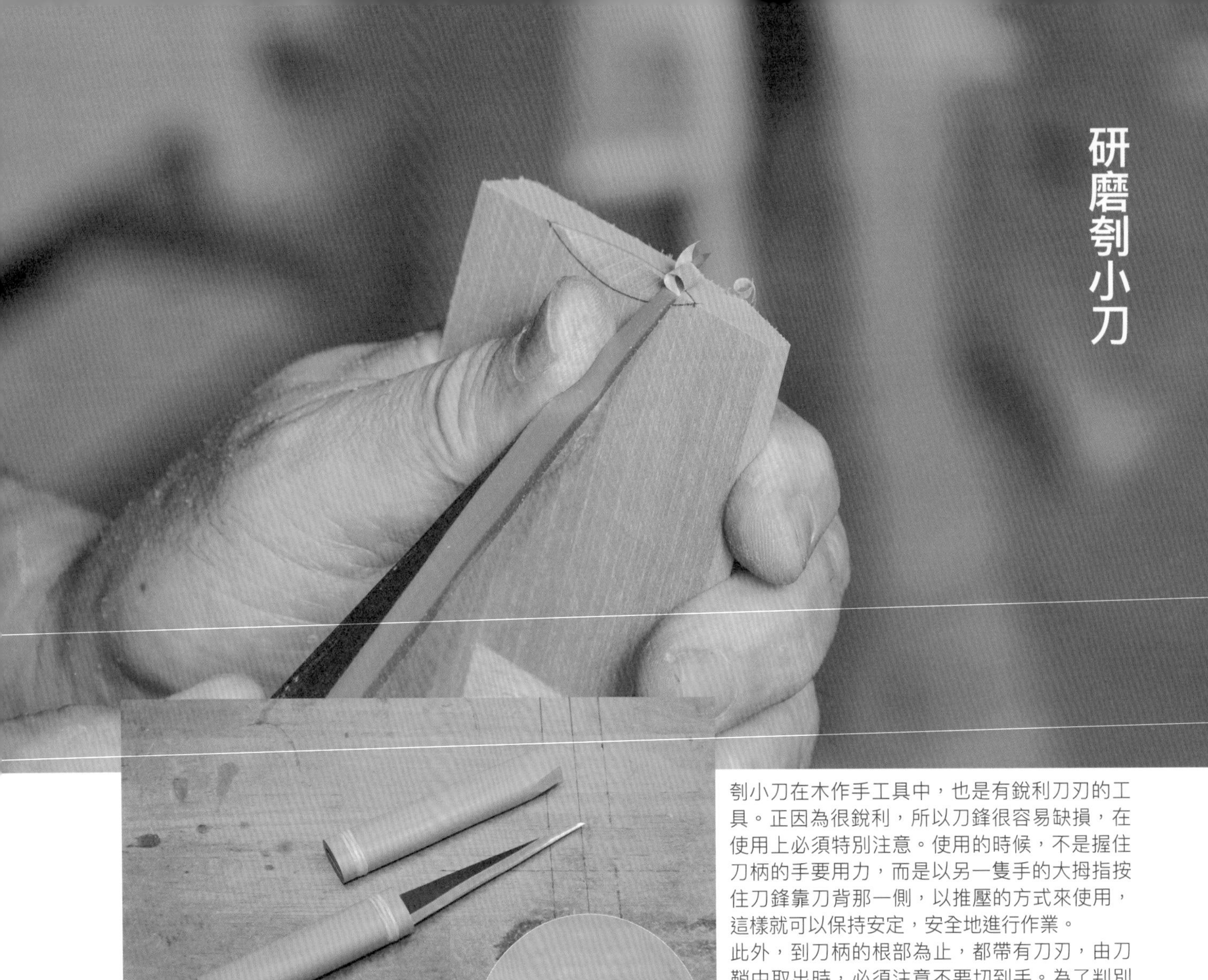

刳小刀在木作手工具中，也是有銳利刀刃的工具。正因為很銳利，所以刀鋒很容易缺損，在使用上必須特別注意。使用的時候，不是握住刀柄的手要用力，而是以另一隻手的大拇指按住刀鋒靠刀背那一側，以推壓的方式來使用，這樣就可以保持安定，安全地進行作業。

此外，到刀柄的根部為止，都帶有刀刃，由刀鞘中取出時，必須注意不要切到手。為了判別刀刃的方向，很多商品會在刀刃方向磨去刀鞘單側邊角做為標示。

研磨刳小刀的刀刃

刳小刀、切出小刀的研磨法

小刀有刳小刀和切出小刀。刳小刀有銳利的刀尖，適合用來加工較小的曲面內側等，刀刃靠近刀柄部位，可以與切出小刀有相同的使用方法。

刳小刀和切出小刀的研磨方式，並沒有不同。但刳小刀的刀刃較長，要將斜刃面與鋼面都磨成平面的面積也很大，難度會因此提高。如果會研磨刳小刀，同理應該就會研磨切出小刀，因此，在這裡要說明的是刳小刀的研磨方式。

基本上當成是單刃

小刀與其他木作手工具相同，基本上都是單刃。也有雙刃的小刀，但要將刃線研磨成直線很難，特別是刳小刀，刀尖會變得相當細，讓刀尖產生缺損的機率很大。

考慮到使用時要用大拇指放在刀背上這一點，單刃的刳小刀比起雙刃的小刀，還容易使用。

研磨刀刃的步驟，會以慣用手為右手的刳小刀來做說明，左手用的刳小刀，則以左右相反的同樣工程來進行。

刳小刀大多都附有刀柄，並且在非常接近刀柄處都有刀刃，所以一開始要由刀柄上將刀刃拔下。

1.
刳小刀的構造是至刀柄根部都有刀刃，刀柄會妨礙到研磨，要先取下再研磨。

首先由刀鋒那一側開始

要研磨鋼面時，靠近刀柄這一側的角，有可能會被砥石給削掉，因此，一開始要在刀片的根部纏上膠帶。砥石上也要塗上白蠟，讓砥石變得比較容易滑動。在砥石上要特別將刀尖那一側的鋼面當做重點來

2.
研磨鋼面時要在刀刃根部纏上膠帶，在砥石邊緣事先塗上白蠟。在這個狀態下，讓刀尖那一側的鋼面研磨到能接觸砥石之後，再拿下膠帶，讓整體都接觸到砥石。

刀刃的取法以及裝法

要取下刳小刀的刀柄時，要讓刀刃鋼面朝下，與廢材重疊在一起，再來握住。讓廢材的切口靠在刀柄的根部後握著，從相反側以木槌或玄能鎚敲打，來取下刀刃。

要裝回去時，要將中子（放入刀柄的部分）插進刀柄中，以木槌敲打刀柄尾端。

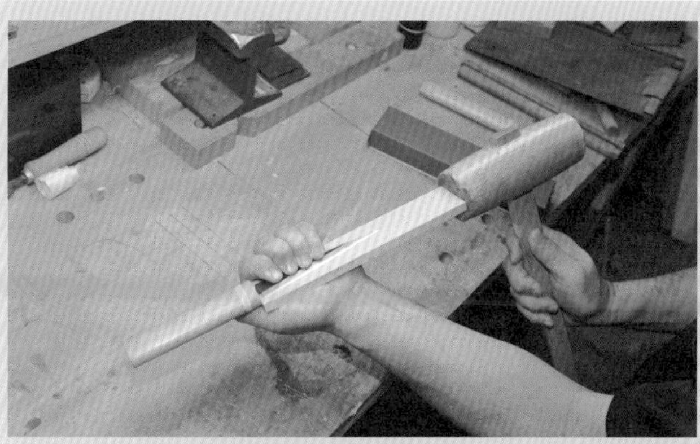

取下刀刃時，要讓廢材與鋼面緊緊貼在一起後握住，由廢材的切口處，以木槌敲打刀柄根部。

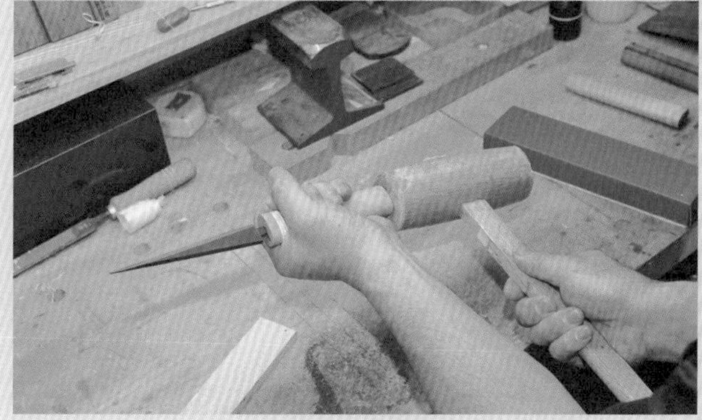

要將刀刃放入刀柄時，先將中子插進去之後，以木槌敲打刀柄尾端來放入。

研磨，要讓鋼面可以接觸到砥石。前端的鋼面研磨至可以確實接觸到砥石後，將膠帶拆掉，研磨整體的鋼面。

與鑿刀相同，有時新品不會整體都能夠接觸到砥石，請一邊使用，一邊研磨成良好的狀態。

確實地維持相同角度

斜刃面的研磨，要讓斜刃面整體都能靠在砥石上研磨，但剳小刀的斜刃面，比起其他木作手工具長度較長，要維持研磨角度很不簡單。以右手大拇指與食指確實維持相同角度，讓左手以輕靠在上面的感覺來研磨。

剛買來的刀刃類，斜刃面很難讓整體都可接觸到砥石。特別是剳小刀，因為斜刃面的面積很大，常會有這個傾向，若要有效率地研磨，要由#600左右的砥石開始研磨，慢慢地提高顆粒數字，用將顆粒粗的砥石造成的較深傷痕逐漸磨淺的感覺進行研磨，這種方式可以加速完成整理工作。

此外，因為研磨面很長，雖然以較短的距離來回移動研磨，但會使用到很大的砥石面範圍，要記住研磨時也不忘隨時將砥石整成平面。

3.
研磨斜刃面時，要用右手的大拇指與食指確實固定住，讓刀刃不要產生傾斜，再進行研磨。保持這個角度很重要。

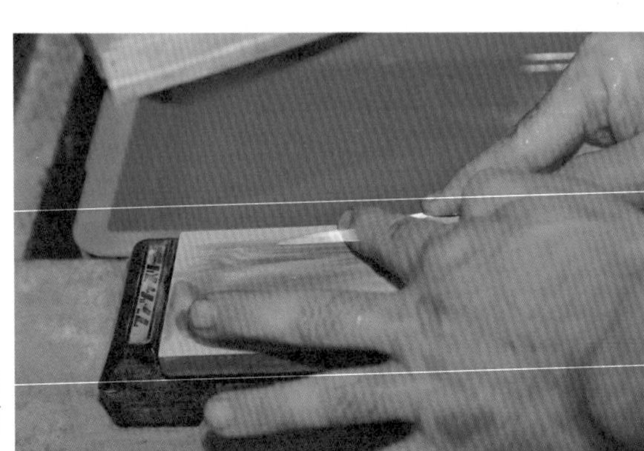

4.
以右手緊緊握住刀刃後，將左手輕靠在上面來做研磨。

5.
研磨完鋼面的刀刃。可以看到愈往前端，與砥石接觸的面積就愈廣。

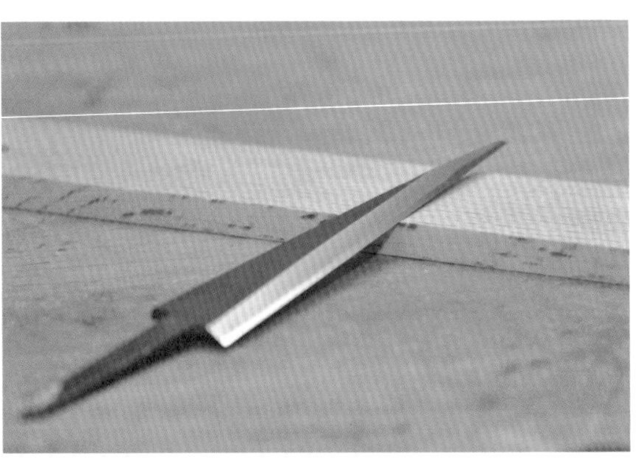

6.
將斜刃面對著光，確認是否整體都會產生反射，如果有凹凸，最好能夠研磨至完全沒有為止。但這樣一來，刀刃會因此而磨耗，因此要一邊使用一邊逐漸磨成理想狀態。

研磨師所展現讓人醉心的異次元鋭利度

長勝鋸
研磨師 長津勝一

①
「窗鋸」的刀刃。與垂直鋸刃或橫向鋸刃都不同，這個帶有特徵的鋸刃，可以縱向、橫向、斜向自在地鋸開木材。

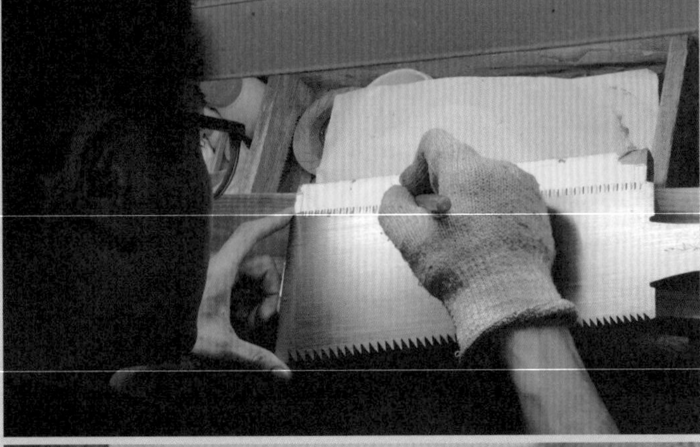

②
「窗鋸」可以由一般的雙刃鋸來加工。開工是從在窗的位置做上記號開始。

購買木作手工具之後，要以適合自己的使用方法來做整理。但是，只有鋸子不屬於這個範疇之內。已經使用習慣的鋸子，銳利度會變差也是當然的事。若是其他的木作手工具，可以自己研磨來恢復銳利度，唯有鋸子，建議最好還是交給專門職人處理。

在這裡要介紹做為鋸子的研磨職人，有著相當豐富經驗的「長勝鋸」長津勝一氏，這位一路上只專注於鋸子研磨的專業職人，其所具備無可匹敵的卓越技巧。

③
以奇異筆在決定要開窗的大致位置上做上記號。

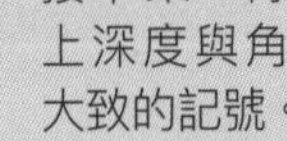

④
接下來，再標上深度與角度大致的記號。

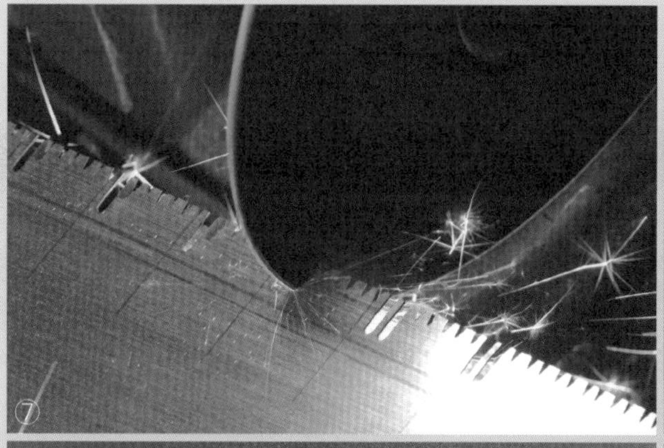

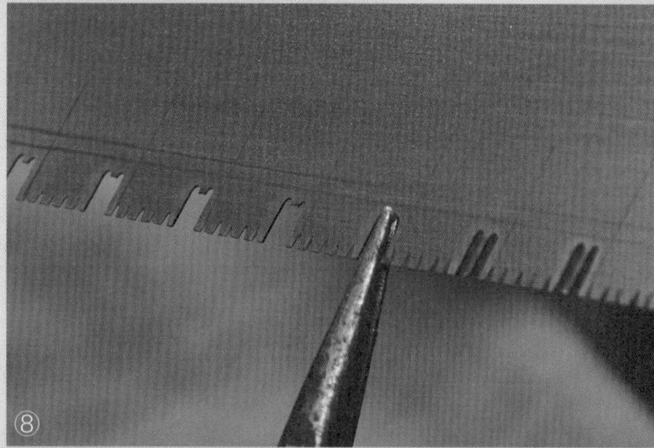

⑤將原本的刀刃用研磨機來磨掉一些。
⑥使用切斷砥石，來畫下缺口。
⑦在切下的窗部位的左右兩邊畫下缺口，因此，正中央的細刃會留下。
⑧留下的部分要用老虎鉗折斷。
⑨再次使用切斷砥石，將折斷後剩下的部分削成窗的形狀。

鋸子是要送去研磨的工具 就算替換刃很普及也一樣

在數量眾多的木作手工具中，只有鋸子，建議不要自己研磨比較好。最近可替換刃式的鋸子逐漸增加，說不定很多人會想，用這個就足夠了。但是，現在鋸子打鐵舖雖然數量很少，也還殘存著，也有很多職人現在仍使用著過去名人所留下的鋸子。

隨著電動工具的普及，手鋸的使用頻率也降低了，但是木作職人一定還是會擁有幾把鋸子。就算是在簡單加工時會使用替換刃刃式鋸子的職人，多數還是會保留幾把必要時候才會使用的鋸子。

鋸子是利用手感來決定前進的方向。些微的感覺都會傳遞到使用者手上，這是替換刃刃式所沒有的，也是可以重新磨銳利的鋸子的魅力。當這樣的鋸子變不銳利時，送給專家研磨是過去就有的習慣。

長勝流「窗鋸」

就算是會自己研磨鉋刀與鑿刀的木作職人，也幾乎都會把鋸子送給專家研磨。

要讓每一個細小刀刃的高度都對齊、左右的雙斜刃也要對齊、角度也要對齊，再來，還要去除彎曲，都是需要經驗的累積才能辦到的事，因此，基本上，最好把鋸子的研磨，想成是屬於專門職人的領域比較好。在被稱為研磨師的職人逐漸減少的現在，還是有技術受到相當高的評價、願意接受作業工序眾多的研磨師存在。

在京都設有店面「長勝鋸」的長津勝一氏，並不只是單純研磨刃鋸，還以將刃鋸重

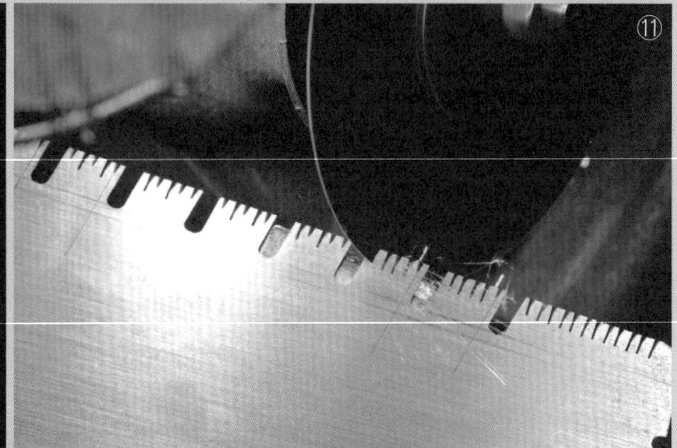

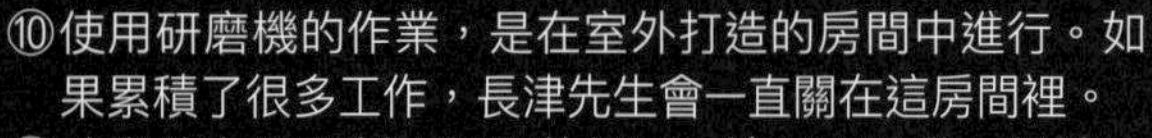

⑩使用研磨機的作業，是在室外打造的房間中進行。如果累積了很多工作，長津先生會一直關在這房間裡。
⑪孔與孔之間要刻下鋸刃的切口。讓刀刃滑動，保持一定的角度，以下刃、上目的順序來畫下切口。
⑫孔旁邊的第一個刃只有一個方向不同，這個刃被稱為「鬼刃」。會以這個「鬼刃」一口氣削下木材，木屑會跑到孔中，鋸子繼續往下鋸。為了讓一個孔到下一個孔之間的木屑能排出，這個排屑孔是必要的。

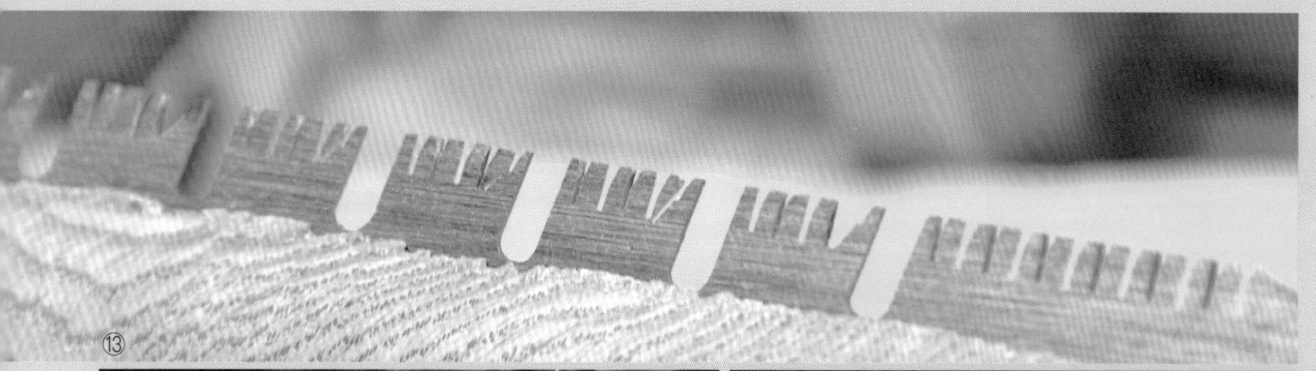

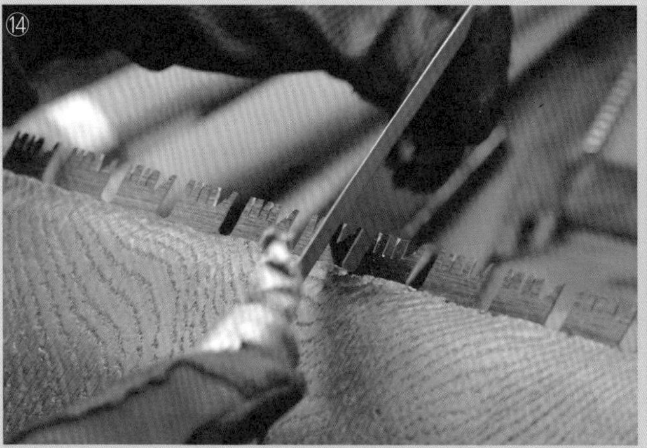

⑬在4根排列著的刀刃旁，切下只有1根方向不同的刃「鬼刃」之後的狀態。到處都還有尚未取下的刀刃，會以銼刀磨去。
⑭使用鋸齒銼，由刃背開始研磨。
⑮研磨完刃背之後，接下來研磨下刃。接著是上目，以這樣的順序研磨下去。
⑯鋸子以被稱為「夾板」的工具固定住，為了能看清楚鋸子的細刃，在照明燈的位置上也下了工夫。

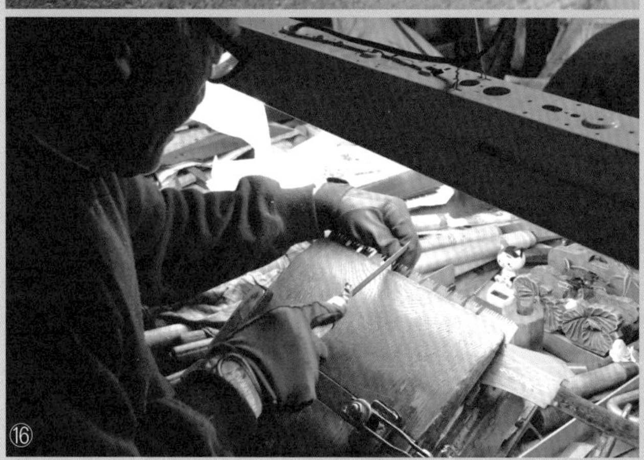

新切成被稱為「窗鋸（改良刃）」的獨特形狀而聞名。

乍看下具有粗糙印象的「窗鋸」刀刃，實際拿來鋸鋸看，會很訝異於這種刀刃無論是縱向、橫向、斜向，哪個方向都可以鋸得非常好。

無論是什麼鋸子都可以對應

「窗鋸」的刀刃，因為是將普通的鋸刃先磨掉部分之後，再重新切出新的鋸齒，無論是新品、古董品，都可以做出新的銳利度，其獨特的刀刃形狀與銳利度有關。

這個工程光是看過一次也無法理解，但可以藉著稍微窺見長年所培養出的技術的一小部分，而明白長津先生對鋸子真摯的態度。

67年的經驗

北海道旭川出生的長津先生，十五歲開始進入木作手工具店拜師學藝，開始了他做為手工具職人的起點。

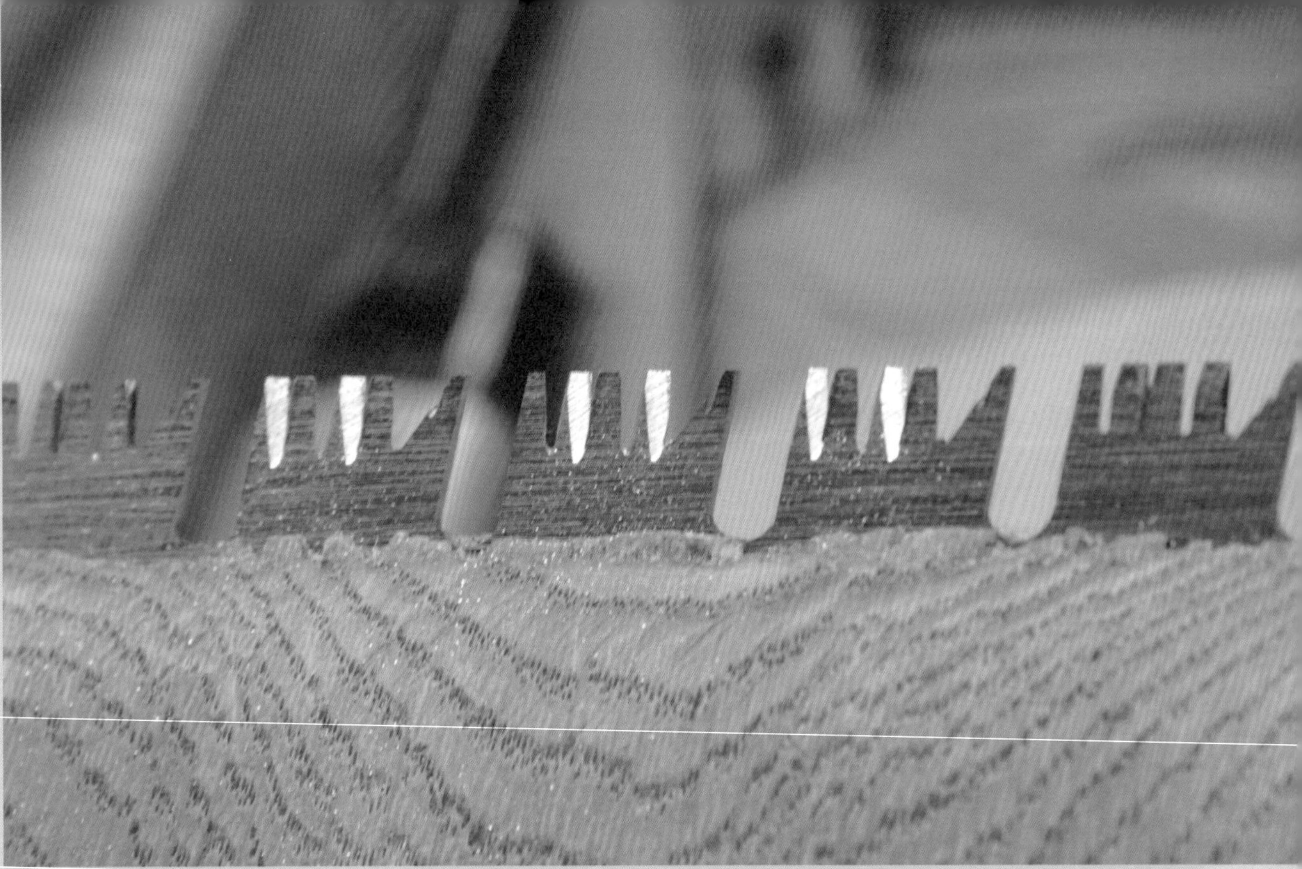

⑰研磨完畢的刀刃，角度都漂亮地對齊著。兩側的刀刃是以切斷砥石畫下刀刃切口、完成研磨之前的舊刀刃。與研磨完的刀刃相比，可以明顯看出經過銼刀的研磨作業，而有了精緻的刃面。

過去的木作工具店並不只是販賣工具，有關鋸子研磨，也當做專業在承接工作。在那裡修行了五年的長津先生於二十歲時獨立開業，研磨的經驗將要迎接第六十七個年頭。在這六十七年間，木作工具的世界也歷經了各種的時代。

隨著電動工具的普及，也經歷過販賣的商品幾乎都是電動工具時代的昭和四十年代，當時長津先生的店，在木作工具、電動工具類別的營業額，曾經是北海道第一。

平成二十三年時遷移至縣在京都的工房，接收了兩位弟子，一邊傳授自己的技術，一邊也讓數量眾多的鋸子恢復銳利。

無法用語言傳達的技術

鉋刀的整理作業，在研磨過刀刃之後有整理鉋台這個程序，鋸子則有被稱為「去除彎曲」的作業程序。

將鋸刃磨去、畫下新的「窗鋸」鋸刃作業，在視覺上算是很容易辨別出來。但關於「去除彎曲」的作業，光用眼睛看，完全無法明白有什麼變化。

⑱4英吋以下的小型鋸齒銼，比起直接握住木柄來使用，不如像照片中一樣使用夾子，作業比較容易進行。

⑲

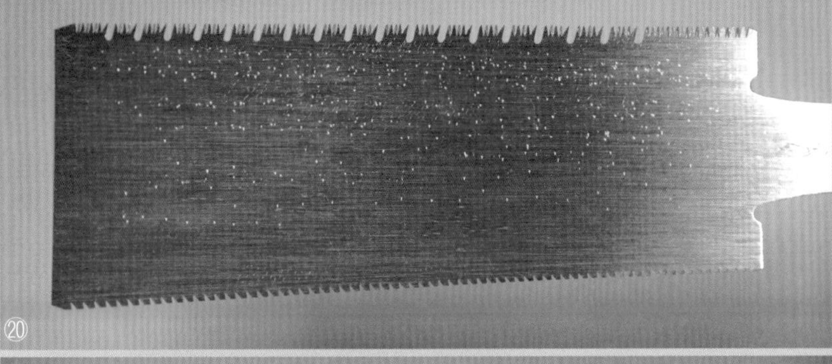
⑳

㉑

⑲「去除彎曲」作業。是乍看之下看不出來在做什麼的作業。經過說明之後，也還是無法理解，似乎是用鎚子讓鋸板延伸的作業。要讓哪裡延伸，必須經過長久的歲月才能明白。光是這個作業，就可以知道，要自己除去彎曲並不是聰明的想法。

使用的鎚頭形狀，是直向與橫向都逐漸變薄的構造，因此被稱為「手違錘」。

手邊堆積了數量眾多排著隊要研磨的鋸子，是長津先生受到很多職人信賴支持的證據。

⑳「去除彎曲」作業時因為進行了敲打，上面附著許多敲痕。每一個痕跡，都是長津先生所具備為了讓鋸子更好使用的經驗吧。

㉑「鋸窗」的鋸齒形式，有4個刀刃配上1個鬼刃，也有2個刀刃配上1個鬼刃。用途雖然相同，但2個刀刃的鋸起來會比較輕，可快速地鋸東西。但也因此較快產生消耗，在持續力上是4個刃的較占上風。

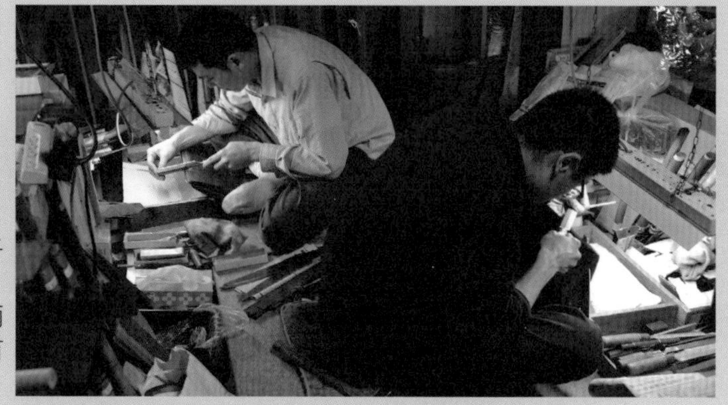

默默地持續著作業的弟子們。後方是須藤勝一先生，前方是高橋薰先生。希望兩位都可以繼承長津先生所有的技巧。

凝視鋸子的視線總是非常認真。在看鋸子的哪裡、感覺到了什麼，如果不能明白這些程序，也就無法理解其中的用意吧。這正是職人的領域。

長勝鋸

京都府京都市北區大將軍西司町23
TEL.075-468-1974

位於京都市北區大將軍西鷹司的工房。每天都會湧入許多研磨鋸子的委託。

但是實際拿來鋸木材，會發現是天差地別。

簡單說明「去除彎曲」的作業程序，就是板狀鋸刃外面一圈的部分、與內部之間「延伸」的調整。據說只要進行這個作業，就算是替換刃式的鋸子，也會變得銳利。可以說就是這個獨門技，讓研磨師這個專門職業之所以能存在這世上的理由吧。

就算是在旁邊觀看作業的進行，也絕對無法偷學到的技術，可以肯定是由熟知鋸子、一直只專心致力於這個領域的豐富經驗而生的吧。

在數量眾多的木作手工具中，替換刃式最普及的是鋸子。這或許是因為，跨入這個只有專門職人才能進入的技術，其存在的門檻太高了。不過，正因為具備高度專門性，所以才必須傳到下個世代。長津先生對工作的熱情，或許就是由此而生的吧。

後記

在剛開始成為木門窗職人的當時，我對於手工具的使用有著相當多的疑問。接受手工具店店主的指導，透過每天的工作在錯誤中學習。此外，累積了經驗之後，也經由kezurokai（譯註：日本木作職人與手工具愛好者等聚集在一起進行技術交流的協會），獲得相當多的資訊。關於木作手工具的使用方法，終於建立起自己的看法。2006年開設了網路商店「木作手工具曼陀羅屋」之後，由各地湧入了對木作手工具的許多疑問。自己成為手工具店經營者的現在，希望能盡量將自己至今為止所學到的東西傳達給大家。只要可以讓更多人體會木工的魅力，以及能感受到純熟使用木作手工具的樂趣，就是我最大的榮幸。

手柴正範

木作手工具曼陀羅屋
http://www2.odn.ne.jp/mandaraya/

木的家具工房 花MIZUKI
http://www2.odn.ne.jp/oak/index.html

長崎県佐世保市上柚木町3703
TEL.0956-46-0903

索引

國家圖書館出版品預行編目資料

木作手工具研磨整修 / 手柴正範著 ; 張心紅譯. -- 初版. -- 臺北市 : 易博士文化, 城邦文化出版 : 家庭傳媒城邦分公司發行, 2019.07
面； 公分
譯自 : 実践 大工道具 仕立ての技法 : 曼陀羅屋流研ぎと仕込みのテクニック
ISBN 978-986-480-087-2(平裝)

1.手工具 2.木工

446.842 108008973

DA1019

木作手工具研磨整修

原 著 書 名／実践 大工道具 仕立ての技法 : 曼陀羅屋流研ぎと仕込みのテクニック
原 出 版 社／誠文堂新光社
作　　　者／手柴正範
譯　　　者／張心紅
選 書 人／鄭雁聿
責 任 編 輯／黃婉玉

業 務 經 理／羅越華
總 編 輯／蕭麗媛
視 覺 總 監／陳栩椿
發 行 人／何飛鵬
出　　　版／易博士文化
城邦文化事業股份有限公司
台北市中山區民生東路二段 141 號 8 樓
電話：(02) 2500-7008　傳真：(02) 2502-7676
E-mail：ct_easybooks@hmg.com.tw
發　　　行／英屬蓋曼群島商家庭傳媒股份有限公司城邦分公司
台北市中山區民生東路二段 141 號 11 樓
書虫客服服務專線：(02)2500-7718、2500-7719
服務時間：周一至週五上午 0900:00-12:00；下午 13:30-17:00
24 小時傳真服務：(02)2500-1990、2500-1991
讀者服務信箱：service@readingclub.com.tw
劃撥帳號：19863813
戶名：書虫股份有限公司
香港發行所／城邦（香港）出版集團有限公司
香港灣仔駱克道 193 號東超商業中心 1 樓
電話：(852) 2508-6231　傳真：(852) 2578-9337
E-mail：hkcite@biznetvigator.com
馬新發行所／城邦（馬新）出版集團【Cite (M) Sdn. Bhd.】
41, Jalan Radin Anum, Bandar Baru Sri Petaling,
57000 Kuala Lumpur, Malaysia.
電話：(603) 9057-8822　傳真：(603) 9057-6622
E-mail：cite@cite.com.my
美 術 編 輯／簡至成
封 面 構 成／簡至成
製 版 印 刷／卡樂彩色製版印刷有限公司

■ 2019 年 7 月 4 日 初版 1 刷
ISBN 978-986-480-087-2
定價 1600 元 HK$533

城邦讀書花園
www.cite.com.tw

Printed in Taiwan

日版 STAFF
企画・編集／株式会社 宣陽社
編　　　集／高島 豊
写　　　真／山口祐康
写真・デザイン／山口 豊
装　　　丁／谷本将泰
イラスト／高木イクオ